コンパクトシリーズ　土木

測量学入門【第二版】

杉山太宏
梶田佳孝　著

インデックス出版

ii

プログラム一覧

excel	python3	例題	
○	○	1-1	温度補正量
○	○	1-2	温度補正と定尺数補正
○	○	1-3	算術平均と重み付き平均
○	○	1-4	平均二乗誤差と確率誤差
○	−	1-5	測定結果記載例
○	−	2-1	昇降式水準測量
○	−	2-2	器高式水準測量
○	−	2-3	往復水準測量
○	−	2-4	閉合水準測量
○	○	2-5	誤差伝搬
○	−	3-1	単測法
○	−	3-2	単測法（3対回）
○	−	3-3	方向法
○	−	3-4	鉛直角
○	○	4-1	前視点の座標の計算
○	−	4-2	方位角、座標の計算（開放トラバース）
○	−	4-3	方位角、座標の計算（結合トラバース）
○	−	4-4	方位角、座標の計算（閉合トラバース）
○	○	5-1	三斜法
○	○	5-2	三辺法
○	○	5-3	座標法による面積の測量
○	○	5-4	台形公式による面積の測量
○	○	5-5	シンプソン公式による面積の測量
○	○	5-6	平均断面法による体積計算 (1)
○	○	5-7	平均断面法による体積計算 (2)
○	○	5-8	点高式による体積の計算
○	○	6-1	2直線より単曲線を設定
○	○	6-2	座標より単曲線を設定
○	○	6-3	単曲線の設置
○	○	6-4	クロソイド曲線の設置
○	○	6-5	非対称形クロソイド曲線の設定
○	○	6-6	非対称形クロソイド曲線の設定

は じ め に

　測量は地表面上の位置関係を決める技術であり，高低の測量と平面の測量に大別されます．

　前者の高低を決めるための測量として水準測量があり，後者において位置を決定するための測量として，トラバース測量，路線測量などがあります．

　そしてその基本として長さを測定する距離測量，角を測定する角測量があります．

　測量の種類としては，その観点からいろいろと分類されますが，本書では基本的測量技術として

　1．長さの測量
　2．水準測量
　3．角度の測量
　4．位置決定の測量
　5．面積・体積の計算
　6．路線の測量

のように分けています．

　説明には例題を多く取り入れ，それぞれはエクセルの例題として扱います．エクセルのシートは回答例として見るだけでなく，非常に簡単な例として電卓代わりのようなものから，実際に使える実用的なものまで様々な角度から作成してあります．

　また，簡単なものでも修正したり，さらに機能を追加することにより自分にあった便利なツールに作り変えることもできます．

　測量に限らず，測定，計測には必ず誤差が生じます．測量ではその誤差をいかに小さくするか，また，誤差を除去するにはどうするかはとても重要な問題です．特に誤差の章は設けませんが，各章の測定ごとに説明，また必要に応じてコラム形式で解説しました．

　本書に掲載されたエクセル及びパイソンのプログラムはホームページからダウンロードすることができますので活用していただければ幸いです．

著者識

目　次

https://www.index-press.co.jp

本書に掲載されているエクセル及びパイソンのプログラムは、ホームページよりダウンロードできます。

本書**に掲載されているエクセル及びパイソンのプログラム**は、インターネット(無償)あるいは CD-ROM(有償)により入手することができます。

◆インターネットによるダウンロードの場合(無償)

　インデックス出版のホームページのダウンロード画面より、下記の ID 番号とパスワードを入力してください。

　　　　ホームページアドレス　https://www.index-press.co.jp

　　　　ID 番号(半角大文字)　THN92852

　　　　パスワード(半角大文字)　5CFB7WX7

◆CD-ROM をご希望の場合(有償)

　CD-ROM は有償(2000 円送料込み)です。

ご注文は、下記の FAX・E-mail でお願いします。

　　　インデックス出版

　　　〒 191-0032　東京都日野市三沢 1-34-15

　　　TEL　042-595-9102

　　　FAX　042-595-9103

　　　E-mail　order@index-press.co.jp

　　　○お支払いは、各金融機関よりの振込みでお願いします。

第1章
長さの測量

▌1.1　水平距離

　一般に，測量において直接測定される距離は**斜距離**ですが，これに対して，水準面に対し垂直に斜距離を投影した距離を**水平距離**といいます（図 1.1）.

　通常，測量で 2 点間の距離といえば，図 1.1 において水平距離 AC を指します. そこで，水平距離は，鉛直角あるいは高低差を測定して，斜距離 AB を水平距離 AC に換算します.

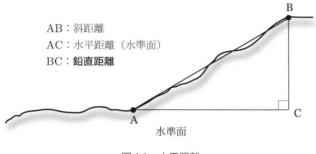

AB：斜距離
AC：水平距離（水準面）
BC：**鉛直距離**

水準面

図 1.1　水平距離

　直接距離測量に使用する器具・機器（**巻尺，光波測距儀**など）は，精度の高いものから低いものまで各種のものがあります. 従って，測量に際しては，精度に応じた測定方法や誤差の処理方法を採用する必要があります. なお，人の歩いた（歩測）による距離も直接距離測量です.

　地球規模の広域を測量する場合は，地球の曲面が無視できず，図 1.2 のように水平面は曲面（**回転楕円体面**）となります. しかし，**公共測量**など測定範囲が狭い場合の水平距離は，この曲面上の長さに縮尺係数を与えて求める平面直角座標に投影した直線 A′B′ となります. また，標高は**平均海面（ジオイド面）**からの高さで表します.

　平面測量はその名の通り曲面である地球の表面を平面として行う測量です．これに対して，**測地測量**は地球の曲面を考慮する，広域で精度の高い測量をいいます．

.... ❖

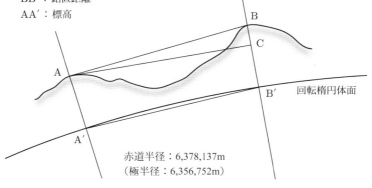

AB：斜距離
A′B′：水平距離（水準面）
BB′：鉛直距離
AA′：標高

回転楕円体面

赤道半径：6,378,137m
（極半径：6,356,752m）

図 1.2　測定距離が長い場合の水平距離

　測定結果の数値は，有効桁数を間違えないように注意する必要があります．例えば，43.21m と 43.210m では，前者は cm，後者は mm の精度の測定を示しており，精度が 10 倍異なることになります．

　四則演算においては，有効数字を考慮して以下のように整理します．

　① 加減算では最終位の最も大きい位に合わせます．

　② 乗除算では最小有効桁数に合わせます．

　　　【例】　　$32.1012 + 345.6 - 123.456 = 254.2452 \rightarrow 254.2$

　　　　　　　$2.3 \div 1.234 \times 0.567 = 1.056807 \rightarrow 1.1$

　　　　　　　$5.67 \times 12.34 - 23.5 = 46.4678 \rightarrow 46.5$

　例えば，1/1,000 の精度で結果を得るためには，有効数字は少なくとも 4 桁以上の測定が必要となります．

.... ❖

▌1.2　距離測量の誤差

　距離測量における誤差は**機械誤差**（巻尺などが正しくないなど），**自然誤差**（気温，湿度などの気象変化のため），**個人誤差**（測定者個人の差のため）などがあります．そして，それらを除去する方法があります．誤差には**定誤差**，**不定誤差**（偶然誤差）などがあり，不定誤差は偶然あるいは不規則に起こる誤差であり，除去することはできません．

　定誤差には規則性があるため，測定方法や計算によって除去することができます．**器械的誤差**や**物理的誤差**は定誤差ですので除去することができます．

❖ ··· **誤差の種類**

　誤差は原因および性質によって分類されます．
　表 1.1，表 1.2 に誤差の原因・性質別の分類を示します．

表 1.1　原因による分類

種類	誤差の原因
器械的誤差	測定器具の誤差によって生じます．
自然的誤差	温度・湿度などの気象変化によって生じます．
個人的誤差	測定者の個人差によって生じます．
錯誤（過失）	測定者の不注意・未熟によって生じます．（一般的には誤差とは考えません）

表 1.2　性質による分類

種類	誤差の性質
定誤差	測定条件が同一であれば，一定の誤差が生じます（符号の大きさに規則性があります）．除去可能な誤差で補正できます．
不定誤差	同一条件で測定しても除去できない誤差で，偶然に生じます．測定値がばらつきます．測定回数を多くとれば，正と負の誤差が同程度現れ，測定回数の平方根に比例して増大します．

··· ❖

1.2.1　**器械的誤差の除去方法**

　器械的誤差とは，測定器具の誤差すなわち巻尺や測角用の**セオドライト**などが正確でないために生じる誤差をいいます．

（1）測定方法による除去

　例えば，測角の場合は，セオドライトで正位と反位で測定し平均値をとります．高低差を水準測量の場合は，**レベル**（水準器）の据え付け回数を偶数回とし，かつ視準距離を等しくします．

(2) 補正値による除去

測量器械・器具などの検定によって得られた補正値を加減する方法です.

巻尺を利用して正確な距離を求めるには, 巻尺を標準の長さと比較検定して補正値を求める必要があります. この補正値のことを**尺定数**[*1]といい, 次式で表します.

尺定数 δ ＝ 正しい長さ－使用巻尺の長さ

ここで, 巻尺の長さを S, 測定長を L とすると, 尺定数補正量 C_l は

$$C_l = (\delta / S) \times L \tag{1.1}$$

となります.

巻尺には, 30m, 50m, 100m ものなどがあります. 尺定数 δ は出荷時に測定された値です. (例えば, 50m＋5mm は 50m で 5mm 伸びている ("＋" プラスで表す) 巻尺です (短い場合は "－" マイナスで表す).)

1.2.2　物理的誤差の除去方法

物理的誤差とは, 気象や物理的 (あるいは力学的) 条件などに起因する誤差をいいます.

(1) 温度補正

気温の変化によって生じる誤差を除去する方法です.

例えば, 鋼尺は標準温度 15℃にて正しい値を示すように検定されているため, 15℃以外の温度で測定した場合は温度補正が必要となります.

温度補正量は次式により求めます.

温度補正量　$C_t = a(t - t_0) L$ $\tag{1.2}$

ここで,　　a：**線膨張係数** (1/℃), 鋼(スチール)の $a = 0.000012/℃$

　　　　　t：測定時の温度 (℃)

　　　　　t_0：標準温度 (15℃)

　　　　　L：測定長 (m)

例えば, 15℃より温度が高いと鋼尺は伸び, 温度補正値は＋となります.

(2) 傾斜補正

$$C_g = -h^2/2L \tag{1.3}$$

ここで,　C_g：傾斜補正量 (m)

　　　　h：始読点と終読点の高低差 (m)

　　　　L：斜距離 (m)

(3) 張力補正

$$C_p = (P - P_0) L/AE \tag{1.4}$$

---

*1　尺定数のことを特性値ともいう.

ここで，　C_p：張力補正量（m）

　　　　　P：測定時の張力（N）

　　　　　P_0：検定時の張力（N）

　　　　　L：Pで測定したときの長さ（m）

　　　　　A：巻尺の断面積（m²）

　　　　　E：巻尺の弾性係数（N/m²）

（4）たるみ補正

$$C_s = -\frac{w^2 L^3}{24P^2} = \frac{W^2 L}{24P^2} \tag{1.5}$$

ここに，　C_s：たるみ補正量（m）

　　　　　w：巻尺の単位長さ当たりの重量（N/m）

　　　　　L：測定した長さ（m）

　　　　　P：測定時の張力（N）

　　　　　W：支持点間の巻尺の重量（N）

例題 1-1　温度補正量

鋼巻尺を用いて距離測量を行った結果 100.000m の距離を得ました．このときの温度補正をした正しい距離を求めます．ただし，この鋼巻尺の線膨張係数は＋0.000012/℃，測定時の温度 20℃，検定時の温度を 15℃とします．

解答例

温度補正量　$C_t = a\,(t - t_0)\,L$

　　　　　　　　$= 0.000012 \times (20 - 15) \times 100.000$

　　　　　　　　$= 0.006$ m

∴　正しい距離　$L_0 = L + C_t = 100.000 + 0.006$

　　　　　　　　$= 100.006$ m

これをエクセルシートでつくると以下のようになります．

例題 1-2　温度補正と定尺数補正

尺定数 50m+5mm（15℃）の鋼巻尺を用いて距離測定を行い，測定距離 $L = 100.000$m を得ました．このときの尺定数補正および温度補正をして得られる正しい距離 L_0 を求めます．ただし，測定時の温度は 25℃，線膨張係数 $a = +0.000012/℃$ とします．

解答例

使用した巻尺は伸び（＋）ですから，補正は（＋）となります．

尺定数補正量 $\quad C_l = +(\delta/S) \times L$
$$= (0.005/50) \times 100.000 = 0.010 \text{ m}$$

温度補正量 $\quad C_t = a(t-t_0)L$
$$= 0.000012 \times (25 - 15) \times 100.000 = 0.012 \text{ m}$$

正しい距離 $\quad L_0 = L + C_l + C_t$
$$= 100.000 + 0.010 + 0.012 = 100.022 \text{ m}$$

これをエクセルシートでつくると以下のようになります．

1.2.3　誤差の処理方法

　実際の測量作業においては，いくら注意を払って測定しても必ず誤差が生じます．したがって，同じ地点の距離を数回測定した場合，測定値は必ずしも同じにはなりません．
　距離測定の誤差の処理方法には以下のような方法があります．

（1）測定条件（使用器具，測定方法など）が同じ場合

　全く同一の条件で測定された場合には，測定値の**算術平均**値をとります．高い精度を必要としない場合は，これで十分です．

（2）測定条件が異なる場合

異なる条件で測定された場合には，測定値の**重み付き平均**値をとります．

例えば，布巻尺と鋼巻尺など，使用器具が違い測定条件が異なる場合には，測定値の信用度を示す**軽重率**（重み）を考慮します．

$$最確値 \quad M_0 = (p_1l_1 + p_2l_2 + \cdots + p_nl_n) / (P_1 + P_2 + \cdots + P_n)$$
$$= (\Sigma p_nl_n) / \Sigma P_n \tag{1.6}$$

ただし，

p_n：軽重率
l_n：測定値

例題 1-3　算術平均と重み付き平均

① ある 2 点間を同一条件で 4 回測った場合の最確値（M_0）を求めます．
　　4 回の測定値：123.52m，123.49m，123.44m，123.50m
② ある 2 点間を 3 人が測距し，以下の測定値を得た場合の最確値 M_0 を求めます．
　　123.25m（測定回数 2 回）　123.15m（測定回数 3 回）　123.30m（測定回数 4 回）

解答例

① 算術平均値で求めます．

$$M_0 = (123.52 + 123.49 + 123.44 + 50.50)/4 = 123.49\text{m}$$

② 重み付き平均値を求めます．軽重率 p は測定回数に比例するものと考えます．

$$M_0 = (p_1l_1 + p_2l_2 + \cdots + p_nl_n)/(P_1 + P_2 + \cdots + P_n)$$
$$= (2 \times 123.25 + 3 \times 123.15 + 4 \times 123.30)/(2 + 3 + 4)$$
$$= 123.24$$

これをエクセルシートでつくると以下のようになります．

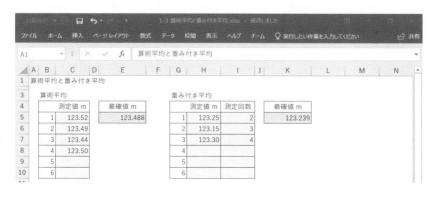

❖ ⋯⋯⋯⋯⋯⋯⋯⋯⋯⋯⋯⋯⋯⋯⋯ **平均二乗誤差・確率誤差・相対誤差**

- **最確値と残差**

　誤差は測定値と真値の差ですが，**真値**を求めることはできないので，真値の代わりに最確値を用います.

　最確値は，測定値をさまざまな補正値で調整して得られる値ですが，複数回測定した場合，最確値は一般にその算術平均をとります. この最確値と測定値の差を残差といいます.

　　　誤差＝測定値－真値

　　　残差＝測定値－最確値

- 平均二乗誤差

　最確値の真値に対する信頼性は平均二乗誤差で表され，次式で求められます.

$$m = \pm \sqrt{\frac{\sum_{i=1}^{n}(x_i - \overline{x})^2}{n(n-1)}} = \pm \sqrt{\frac{\sum_{i=1}^{n}\delta_n^2}{n(n-1)}} \tag{1.7}$$

　ここで, m：平均二乗誤差（標準誤差）

　　　　x_i：測定値

　　　　$\overline{x}$：最確値

　　　　δ_n：残差（測定値と最確値との差：$x_i - \overline{x}$）

　　　　n：データの個数

　測定結果は，最確値±平均二乗誤差（$\overline{x} \pm m$）で表され，この範囲内に真値が存在する確率は 68% となります.

- 確率誤差

　真値が最確値± r_0 の範囲に 50% 存在するときの r_0 を確率誤差といいます. 確率誤差 r_0 と平均二乗誤差 m には次の関係が成り立ちます.

$$r_0 = 0.6745 \cdot m \tag{1.8}$$

- 相対誤差

　測定値が大きいと誤差＊（平均二乗誤差，確率誤差）の絶対値も大きくなります. そのため，測定の精度は相対誤差で表されます.

$$\text{精度} = \text{相対誤差} = \frac{\text{誤差}^*}{\text{最確値}}$$

（3）最確値と精度

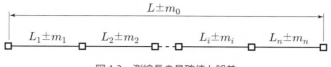

図 1.3　測線長の最確値と誤差

図 1.3 のように測線を数区間に分けて測定した場合，測線長の最確値と平均二乗誤差は

$$L = L_1 + L_2 + \cdots + L_i + \cdots + L_n$$

$$m_0 = \sqrt{m_1^2 + m_2^2 + \cdots + m_i^2 + \cdots + m_n^2}$$

ここで，L：測線全長の最確値

　　　　L_n：各区間長の最確値

　　　　m_0：全測線の平均二乗誤差

　　　　m_n：各区間長の平均二乗誤差

全長の測定結果 L_0 は

$$L_0 = L \pm m_0$$

相対誤差（精度）は

$$相対誤差 = \frac{m_0}{L}$$

となります．

例題 1-4　平均二乗誤差と確率誤差

A，Bの2点間を3区間に分けて同数回の距離測定を行い，次の観測値を得ました．
このときの全長の最確値と最確値の平均二乗誤差および確率誤差を求めます．

区間	1回目	2回目	3回目
A～1	39.356	39.350	39.352
1～2	38.653	38.655	38.652
2～B	40.512	40.511	40.513

解答例

例題 1-5　測定結果記載例

器械的誤差，物理的誤差，誤差処理の一連の誤差調整を行うエクセルシートを作成します（AB 間を往復で計 6 回測定．測定時の温度 20℃）.

条件：スチール巻尺（50m−2.6mm），$a = 1.2 \times 10^{-5}$ （1/℃）

解答例

1-5 測定結果記載例.xlsx - Excel

ファイル　ホーム　挿入　ページ レイアウト　数式　データ　校閲　表示　ヘルプ　チーム　♀ 実行したい作業を入力してください　　　　☑ 共有

A1 　　　　fx　測定結果記載例

	A	B	C	D	E	F	G	H	I	J
1	測定結果記載例									
3		巻尺長さ	50	m						
4		尺定数	-0.0026	m						
5		標準温度	15	℃						
6		膨張係数	0.000012	1/℃						
7		巻尺質量	0.02045	kg/m						

① 測定結果

種別	区間	回数	測定値			実測長	測定時張力
			温度	始読	終読		
往	A～B	1	25.5	0.220	45.238	45.018	50
		2	25.6	0.225	45.247	45.022	50
		3	25.7	0.235	45.240	45.005	50
復	B～A	1	25.8	0.550	45.558	45.008	50
		2	25.9	0.453	45.470	45.017	50
		3	26.0	0.463	45.477	45.014	50

② 補正計算

種別	区間	回数	実測長	尺定数補正量	温度補正値	たるみ補正値	補正距離	結果(最確値)
往	A～B	1	45.018	-0.002	0.0057	-0.061	44.960	
		2	45.022	-0.002	0.0057	-0.061	44.964	
		3	45.005	-0.002	0.0058	-0.061	44.947	44.956
復	B～A	1	45.008	-0.002	0.0058	-0.061	44.950	
		2	45.017	-0.002	0.0059	-0.061	44.959	
		3	45.014	-0.002	0.0059	-0.061	44.956	

③ 結果のまとめ

種別	区間	回数	補正距離	残差	残差²	平均二乗誤差
往	A～B	1	44.960	-0.004	0.000015	
		2	44.964	-0.008	0.000062	
		3	44.947	0.009	0.000081	0.0026
復	B～A	1	44.950	0.006	0.000035	
		2	44.959	-0.003	0.000009	
		3	44.956	0.000	0.000000	
		平均	44.956	合計	0.000203	

回数	6	回
最確値	44.956	m
平均二乗誤差	0.0026	
確率誤差	0.0018	

練習問題　1 　　　　　　　　　　　　　　　　　　　　　　　　（距離測量）

1. 標準尺 50.000m と 50.010m で一致した巻尺により正しく 100.000m を測定するには何 m 測ればよいか？

2. 巻尺の特性値 30m＋2.3mm の鋼巻尺を用いて，300.000m を得た．正しい値はいくらか．

3. 点 AB 間の高低差は 2.000m であった．測定距離 40.000m に対する傾斜補正蓋 C_i はいくらか．

4. ある距離を測定して 80.000m を得た．しかし，見通し線が中央で 1.50m それていることがわかった．正しい距離はいくらか．

5. 検定温度が 15℃の鋼巻尺で 100.423m を測定した．測定時の気温は 20℃，線膨張係数 $\alpha = 0.000012$（1/℃）として正しい距離を求めよ．

6. 測線 A，K，B は直線上にあり，各点の標高 $H_A = 15.56\text{m}$，$H_K = 11.35\text{m}$，$H_B = 12.78\text{m}$ である．鋼巻尺で気温 30℃のもと測定した距離は AK ＝ 86.345m，KB ＝ 75.655m であった．この巻尺を気温 20℃で標準尺 50.004m と比較したところ，50.008m で一致した．尺定数・温度・傾斜の各補正を行い AB 間の水平距離を求めよ（$\alpha = 0.000012$）．

第2章
水準測量

2.1　高低の測量

　既知点の高さから新点(未知点)の高さを定める測量を水準測量といいます．高さは，基準となる面から上向きに測った垂直距離のことで，測量においては，基準となる面として，重力によって形づくられた面，すなわち**平均海面(ジオイド面)**と考えられます．

　基本測量と**公共測量**の高さの基準面は**東京湾平均海面**が用いられます(図2.1)．(実際は東京湾平均海面＋24.3900mの日本水準原点：平成23年10月21日改正．東京都千代田区永田町1丁目1番2　憲政記念館構内)

　水準測量は，2点間の高低差を測り，標高(平均海面からの高さ)を測定するもので，直接水準測量と間接水準測量があります．

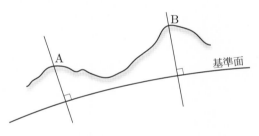

図2.1　高さの基準

・**直接水準測量**

　　高低差をレベルと標尺により直接測定するものです．

・**間接水準測量**

　　間接水準測量としては三角水準測量があります．水平距離 S が与えられている2点 A，B の高低角 α を測り，式(2.1)によって高低差 h を求める方法です(図2.2)．高さ h は

$$h = S \tan\alpha \qquad (2.1)$$

となります．

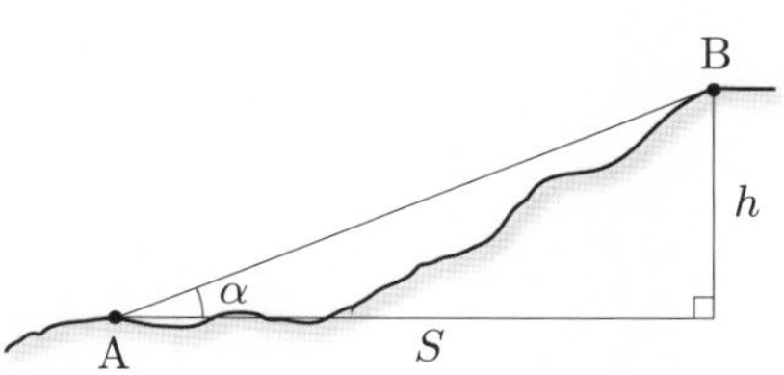

図2.2　三角水準測量

　三角水準測量では，直接水準測量に比べて精度は低くなりますが，山岳，丘陵地帯のように起伏の大きい地域では欠くことのできない方法です．

写真1　オートレベル

写真2　レーザーレベル

写真3　標尺

写真4　レーザースキャナー

（写真提供：株式会社トプコン）

　地球上の位置や海面からの高さが正確に測定された**三角点**，**水準点**，**電子基準点**等をいいます．

▪ 三角点

　三角点は，山の頂上付近や見晴らしのよいところに設置され，経度，緯度が正確に求められています．三角点には，一〜四等の種類があり，全国に約 100,000 点設置されています．

▪ 水準点

　水準点は，全国の主な国道または主要地方道に沿って，約 2km ごとに設置されています．水準点には，基準と一から三等の種類があり，全国に約 22,000 点設置されています．

▪ 電子基準点

　GNSS（Global Navigation Satellite System：全地球衛星航法（または測位）システム）衛星（アメリカ（**GPS**），ロシア，ヨーロッパ，日本）からの電波を連続的に受信する基準点です．電子基準点は，全国に約 20km 間隔で約 1,200 点設置されています．

2.2　直接水準測量

　直接水準測量は，**水準器**（レベル）および**標尺**（スタッフ）を用いて，**後視**と**前視**を視準して高低差を測定します．

2.2.1　直接水準測量の基本

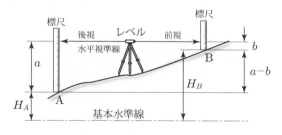

図 2.3　直接水準測量

　高低差は，図 2.3 において，A 点と B 点の高さの差をいい，標尺の**後視**の読み a と**前視** b の差$(a - b)$となります．

B 点の地盤高 H_B は，A 点の地盤高 H_A がわかっているとき

$$H_B = H_A + (a - b) \tag{2.2}$$

で求められます.

このような方法を連続して行えば，次式にて遠く離れた 2 点間の高低差を求めることができます.

$$高低差 ＝ \Sigma（後視の読み）- \Sigma（前視の読み） \tag{2.3}$$

直接水準測量の視準距離および読定単位の目安を表 2.1 に示します.

表 2.1　視準距離と読定単位の目安

	1 級水準測量	2 級水準測量	3 級水準測量	4 級水準測量	簡易水準測量
視準距離	最大 50m	最大 60m	最大 70m	最大 70m	最大 80m
読定単位	0.1mm	1mm	1mm	1mm	1mm

なお，観測は簡易水準測量を除き往復観測とします. また，標尺は 2 本 1 組とし，往路と復路で標尺を交換します（誤差消去のため）.

◇ ⋯⋯⋯⋯⋯⋯⋯⋯⋯⋯⋯⋯⋯⋯⋯⋯⋯⋯⋯⋯⋯⋯⋯⋯ **水準測量に関する用語**

後視（back sight）　B.S.　　　：標高の知られている点（既知点）に立てた標尺の読み

前視（fore sight）　F.S.　　　：標高を求めようとする点（未知点）に立てた標尺の読み

器械高（instrument height）　I.H.：望遠鏡（レベル）の規準線の標高

もりかえ点（turning point）T.P.：レベルを据え換えるため前視と後視をともに読みとる点（移器点）. 始点と終点も切りかえる点となる

中間点（intermediate point）　I.P.：その点の標高をとるために標尺を立て前視のみを読みとる点

地盤高（ground height）　G.H.　：地表面の標高

高低差（比高）　　　　　　　　：2 点間の標高の差

2.2.2 昇降式による水準測量

昇降式は，図2.4のようにA，B間の起伏が激しくて見通しの悪い地形や測定距離が長い場合の水準測量に適しています．

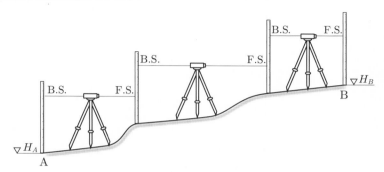

図2.4 昇降式水準測量

$$H_B = H_A + \Sigma(B.S.) - \Sigma(F.S.)$$

例題2-1 昇降式水準測量

昇降式水準測量により地盤高を求めるエクセルシートを作成します（簡易水準測量）．

解答例

測点	後視 B.S. (m)	前視 F.S. (m)	昇（＋）(m)	降（−）(m)	地盤高 G.H. (m)
A	2.825				10.000
B	1.211	0.834	1.991		11.991
C	0.958	1.536		0.325	11.666
D	1.422	1.741		0.783	10.883
E		1.087	0.335		11.218
計	6.416	5.198	2.326	1.108	

2.2.3　器高式による水準測量

　器高式は，見通しのよい平坦な場所などでの測定に適し，図 2.5 のように A，B 点以外に多くの中間点の高さを知りたい場合に適した方法です．この器高式は，道路，鉄道，河川など線状に長い**路線測量**（**縦断測量**）を行う場合に利用され測点間隔は 20m が一般的です．

　器械高（I.H.）は，基本水準面からの高さ，すなわち標高 H_A に後視（B.S.）を加えたものです．したがって，求めたい標高 H_B は器械高から前視（F.S.）を引いて求められます（式 2.4）．

$$\text{I.H.} = H_A + \text{B.S.}$$
$$H_B = \text{I.H.} - \text{F.S.} \tag{2.4}$$

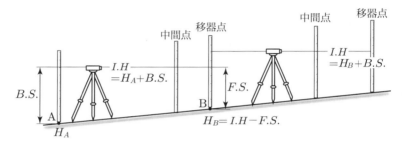

図 2.5　器高式水準測量

例題 2-2　器高式水準測量

器高式水準測量により地盤高を求めるエクセルシートを作成します．

解答例

測点	後視	器高	前視		地盤高
			中間点	移器点	
A	1.815	70.069			68.254
A-1			1.128		68.941
A-2			1.104		68.965
A-3			1.025		69.044
B	1.478	70.649		0.898	69.171
B-1			1.372		69.277
B-2			1.482		69.167
C				1.146	69.503

2.2.4 渡海(河)水準測量(交互水準測量)

　河川や谷を横断して高低測量を行う場合には，レベルを2測点の中間に据え付けることができないため，観測距離が長くなり測量の結果が不正確になりやすくなります．そこで，両岸から交互に高低差を測って，その平均値を求める方法を渡海(河)水準測量(交互水準測量)といいます．この方法では，視準誤差と地球の曲率半径誤差を消去することができます．

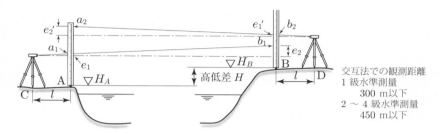

交互法での観測距離
1 級水準測量
　　300 m以下
2 ～ 4 級水準測量
　　450 m以下

図 2.6　交互水準測量

■誤差の消去方法

　図 2.6 において一定の距離 $AC = BD = l$ となるように，C, D 点にレベルを据え付け，標尺の読み a_1, b_1 および a_2, b_2 の結果を得たとします．視準誤差によって a_1, b_1 に生じる誤差を e_1, e_2 とし a_2, b_2 に生じる誤差を e_1', e_2' とすれば高低差 H は

　　　C 点での観測で　$H = (a_1 - e_1) - (b_1 - e_2)$

　　　D 点での観測で　$H = (a_2 - e_2') - (b_2 - e_1')$

2 式を足し合わせると

　　　$2H = (a_1 - b_1) + (a_2 - b_2) + (e_1' - e_1) + (e_2 - e_2')$

ここで，$e_1 \fallingdotseq e_1'$, $e_2 \fallingdotseq e_2'$ となるから，$(e_1' - e_1) \fallingdotseq 0$, $(e_2 - e_2') \fallingdotseq 0$　より

　　　$2H = (a_1 - b_1) + (a_2 - b_2)$　　　　　　　　　　　　　　　　　(2.5)

　　　∴　高低差　$H = \{(a_1 - b_1) + (a_2 - b_2)\}/2$

となります．

2.3　誤差の調整

　水準測量における誤差は，機器によるもの，気象条件，その他さまざまなものがあり，誤差を消去するのは非常に困難です．いかに精度の高い水準測量を実施したとしても必ず誤差は生じるため，誤差の調整が必要となります．

　誤差の調整には，距離に比例配分する方法と，重みを配慮して配分する方法があります．

2.3.1　距離に比例配分する方法

　図 2.7 に示すように，既知点からスタートし最初の既知点に戻る水準測量を行った結果，較差 Δh が発生した場合，Δh は各点の累加距離に応じて比例配分します．なお，**較差が**許容範囲を超えた場合は再測します（表 2.2 参照）．

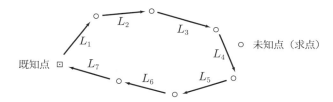

図 2.7　既知点から既知点に戻る場合

較差の配分量＝較差×累加距離 / 路線の長さ

$$\Delta h_1 = \Delta h \times L_1/\Sigma L$$
$$\Delta h_2 = \Delta h \times (L_1 + L_2)/\Sigma L$$
$$\cdots$$
$$\Delta h_n = \Delta h \times (L_1 + L_2 + \cdots + L_n)/\Sigma L$$

(2.6)

　Δh：観測値と既知点の値との差（較差）　　ΣL：（路線の長さ：片道）

較差の許容範囲を表 2.2 に示します．

表 2.2　較差の許容範囲

	1 級水準測量	2 級水準測量	3 級水準測量	4 級水準測量
許容較差	2.5mm $\sqrt{S}$	5mm $\sqrt{S}$	10mm $\sqrt{S}$	20mm $\sqrt{S}$
備　考	\multicolumn{4}{c}{S：観測距離（片道，km）}

例題 2-3　往復水準測量

図 2.8 に示す路線を往復水準測量する場合のエクセルシートを作成します.

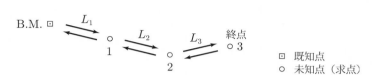

図 2.8　往復水準測量（終点が未知点の場合）

① 往路と復路の標高差の較差が許容範囲であることを確認します. 許容範囲を超えた場合は再測します.
② 往路と復路の標高差の平均を始点と終点の標高差とします.
③ 往路の標高差と②で求めた標高差の差を Δh とし，累加距離に応じて比例配分して地盤高を調整します（往路と復路の平均値でも可能です）.

解答例

....

往復水準測量

往路

測点	測点間距離	後視	前視	昇 (+)	降 (−)	観測地盤高 (m)
B.M.		1.134				30.000
1	98	1.056	1.866		0.732	29.268
2	84	2.262	1.522		0.466	28.802
3	72		1.430	0.832		29.634
			合計	0.832	1.198	
			標高差	−0.366		

復路 (m)

測点	後視	前視	昇 (+)	降 (−)
3	1.565			
2	1.371	2.399		0.834
1	1.827	0.906	0.465	
B.M.		1.096	0.731	
	合計		1.196	0.834
	標高差		0.362	

観測距離 (m)	254

	(mm)	
許容較差	5	(3級の場合)
較差	4	
判定	OK	

調整標高の計算（較差が許容範囲にある場合）

始点〜終点の標高差 (m)	−0.364
終点の調整量	0.002

測点	累加距離	測点地盤高	調整量	調整地盤高 (m)
B.M.	0.000	30.000	0.000	30.000
1	98.000	29.268	0.001	29.269
2	182.000	28.802	0.001	28.803
3	254.000	29.634	0.002	29.636

例題 2-4　閉合水準測量

図 2.7 に示した路線を水準測量する場合の地盤高を求めるエクセルシートを作成します．

解答例

測点	測点間距離 (m)	累加距離 (m)	B.S.	F.S.	昇（＋）	降（－）	地盤高 (m)	調整量 (m)	調整地盤高 (m)
No.1			1.653				20.000	0.000	20.000
No.2	84	84	1.290	0.851	0.802		20.802	0.001	20.803
No.3	91	175	1.314	1.654		0.364	20.438	0.002	20.440
No.4	97	272	1.031	1.726		0.412	20.026	0.003	20.029
No.5	88	360	1.073	1.739		0.708	19.318	0.004	19.322
No.6	94	454	1.644	0.234	0.839		20.157	0.005	20.162
No.7	88	542	0.423	0.662	0.982		21.139	0.006	21.145
No.1	96	638		1.569		1.146	19.993	0.007	20.000

	(m)	
許容較差	0.008	(3級の場合)
較差	-0.007	
判定	OK	

2.3.2　重みを考慮した平均計算

　図 2.9 に示すように，複数の既知の水準点から新しい点 X の標高を求める場合は，既知点からの距離の逆数を重みとして誤差配分を行います．

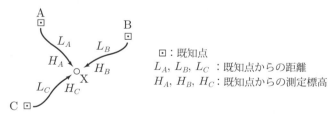

図：既知点
L_A, L_B, L_C：既知点からの距離
H_A, H_B, H_C：既知点からの測定標高

図 2.9　重みを考慮した平均計算

重みをそれぞれ，p_A，p_B，p_C とすると，

$$p_A = 1/L_A$$
$$p_B = 1/L_B$$
$$p_C = 1/L_C$$
$$\cdots \tag{2.7}$$

X 点の標高 H_X は

$$H_X = \frac{(p_A \times H_A + p_B \times H_B + p_C \times H_C)}{(p_A + p_B + p_C)} \tag{2.8}$$

ここに，

　　H_A：A 点より求めた X 点の標高
　　H_B：B 点より求めた X 点の標高
　　H_C：C 点より求めた X 点の標高

❖ ·· **誤差伝播の法則**

　測量で得た値はあくまでも最確値であり，誤差を含むことになります．したがって，最確値の信頼度を**標準偏差**で示します．そして，この測量で得た値を使って得た計算値も誤差を含むことになります．このような現象を誤差伝播といいます．

　測量では最大 3 次元が対象となります．独立した 3 つの測定量，x，y，z を用いて，ある量 W を求める場合の式は次のようにあらわせます．

$$W = f(x,\, y,\, z)$$

　各測定の標準偏差があり，全体の標準偏差を σ とすると

$$\sigma^2 = \left[\frac{\partial f}{\partial x} \times \sigma_x\right]^2 + \left[\frac{\partial f}{\partial y} \times \sigma_y\right]^2 + \left[\frac{\partial f}{\partial z} \times \sigma_z\right]^2$$

となります．これは最確値と等精度の標準偏差です．

　また，各標準偏差のオーダーが異なる場合があり，このときの標準偏差は各データに重みを付けて加重平均すると

$$\sigma^2 = \frac{p_1\sigma_1^2 + p_2\sigma_2^2 + p_3\sigma_3^2 + \cdots + p_n\sigma_n^2}{p_1 + p_2 + p_3 + \cdots + p_n}$$

となります．

例題 2-5

三角形の土地の面積 A を求めるために，底辺 a と高さ h を測定して，a = 15.256 m，$\sigma_a \pm 0.052$ m，h = 21.565 m，$\sigma_h \pm 0.125$ mを得ました．土地の面積 A と面積の標準偏差 σ_A を求めなさい．

解答例

練習問題　2　　　　　　　　　　　　　　　　　　　　　　　　　　**（水準測量）**

1. 図は点間毎に後視と前視を測定した3級水準禍量の結果です．A点とF点の地盤高
は 15.000m と 15.318m です．右の昇降式野帳に測定値を記入し地盤高を計算しなさい．
許容閉合誤差 Ea = 20mm $\sqrt{\text{L}}$（km）とすると測定値の誤差は許容されますか．

点	距離 (m)	後視 (m)	前視 (m)	昇降(m) +	昇降(m) −	地盤高	備考
A	0						$H_A = 15.000$
B	65						
C	52						
D	48						
E	70						
F	66						$H_F = 15.318$
計	301						

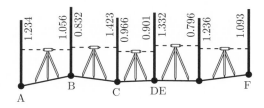

2. 点Aの標高は 50.000m です．この点Aから点 B，C，D，E まで，各点間（AB，
BC，CD，DE）の水準測量を行いました．得られた測定値を点間順に後視（BS），前
視（FS）で並べると，1.230，1.086，1.686，2.365，0.582，1.635，1.298，1.921 と
なります．
(1) この結果から昇降式野帳を完成させて各点の地盤高を求めなさい．また，E点の標高
の計算チェックを行いなさい．
(2) 補正地盤高を計算しなさい（E点の標高は 47.782m です）．

点	距離 (m)	後視 (m)	前視 (m)	昇降(m) +	昇降(m) −	標高 (m)	補正量 C (m)	補正地盤高 (m)	備考
A	0								$H_A = 50.000$
B	65								
C	52								
D	48								
E	70								$H_E = 47.782$
計	235								

3. 排水管を設置するために行った水準測量の結果で，A 点と G 点の地盤高は 50.000m です．器高式野帳に計算結果を記入しなさい.

点	距離 (m)	後視 (m)	器高 (m)	前視(m) 移器点	前視(m) 中間点	地盤高 (m)	補正量 (m)	補正地盤高 (m)
A	0					50.000		
B	30							
C	55							
D	90							
E	130							
F	170							
G	215							
計	215							

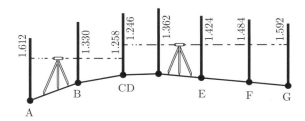

4. 3箇所の水準点（既知点）A,B,C から水準測量によって点 P の地盤高を求め，下表に示す結果を得ました．点 P の地盤嵩の最確値を求めなさい.

既知点	路線長(m)	得られた地盤高(m)
A	4.0	27.284
B	6.0	27.289
C	3.0	27.273

練習問題　3　　　　　　　　　　　　　　　　　　（誤差伝搬の法則）

1. 三角形の土地の面積 A を求めるために，底辺 a と高さ h を測定して，$a = 15.256$m，$\sigma_a = \pm\, 0.052$m，$h = 21.565$m，$\sigma_h = \pm\, 0.125$m を得ました．土地の面積 A と面積の標準偏差 σ_A を求めなさい．

2. 距離 $L = 158.030$m，$\sigma_L = \pm\, 0.009$m，方位角（北からの角度）$\theta = 69°\,48'\,45''$，$\sigma_\theta = \pm\, 0°\,0'\,4''$ を測定しました．緯距 X と緯距の標準偏差 σ_X を求めなさい．

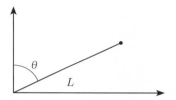

解答例

1. 面積 $A = \dfrac{1}{2} \times a \times h$，誤差伝播の法則より $\sigma_A = \sqrt{\left(\dfrac{\partial A}{\partial a}\sigma_a\right)^2 + \left(\dfrac{\partial A}{\partial h}\sigma_h\right)^2}$，

$\dfrac{\partial A}{\partial a} = \dfrac{1}{2}h$，$\dfrac{\partial A}{\partial h} = \dfrac{1}{2}a$ より，

$A = \dfrac{1}{2} \times 15.256 \times 21.565 = 164.498 \text{m}^2$，

$\sigma_A = \sqrt{\left(\dfrac{1}{2} \times 21.565 \times 0.052\right)^2 + \left(\dfrac{1}{2} \times 15.256 \times 0.125\right)^2} = \pm\, 1.106 \text{m}^2$

2. 面積 $X = L \times \cos\theta$，誤差伝播の法則より $\sqrt{\left(\dfrac{\partial X}{\partial L}\sigma_L\right)^2 + \left(\dfrac{\partial X}{\partial \theta}\sigma_\theta\right)^2}$

$\dfrac{\partial X}{\partial L} = \cos\theta$ より，$\dfrac{\partial X}{\partial \theta} = L(-\sin\theta)$ より，

$X = 158.030 \times \cos 69°\,48'\,45'' = 54.665$m，

$\sigma_X = \sqrt{(\cos 69°48'45'' \times 0.009)^2 + \left(158.030 \times \sin 69°48'45'' \times \dfrac{4 \times \pi}{180 \times 60 \times 60}\right)^2}$

$= \pm\, 0.004$m

※ $4'' = \dfrac{4 \times \pi}{180 \times 60 \times 60}$ ラジアン

第 3 章
角度の測量

3.1　角測量

　測量で用いる角は，水平面上の水平角と，鉛直面内の鉛直角の 2 種類があります．角測量は，角度を測る器機（**セオドライト**，**トータルステーション**など）を使って行います.

3.1.1　水平角

　水平角は水平面上を，右回り（時計の針が回る方向）に 0°から 360°まで測ります．空間の任意の 2 方向間の水平角は，各々の方向を水平面上に垂直に投影した方向線間（図 3.1 A'B）の角となります.

3.1.2　鉛直角

　鉛直角は測角の基準方向のとり方により，高低角と天頂角の 2 つに分けられます.

(1)　高低角（高度角）

　水平線を基準にして測った鉛直面の角で，水平線より高い方向の角を正の高低角（仰角 0°〜 ＋ 90°），低い方向の角を負の高低角（俯角 0°〜 −90°）といいます.

(2)　天頂角

　天頂（鉛直上方）を基準にして測る鉛直面内の角で，0°から 180°

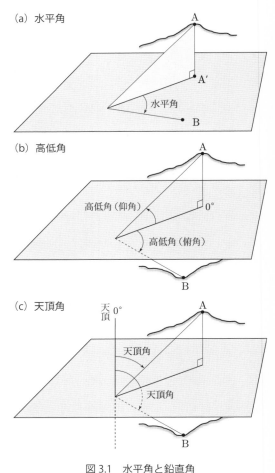

(a) 水平角

(b) 高低角

(c) 天頂角

図 3.1　水平角と鉛直角

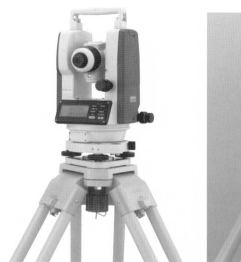

写真 5　セオドライト

写真 6　トータルステーション

（写真提供：株式会社トプコン）

までをとります．天頂角は天文観測や測地測量に用いられ，高低角のように負の角がないため，計算に便利です．

◇┈┈┈┈┈┈┈┈┈┈┈┈┈┈┈┈┈┈┈┈┈┈┈┈┈┈┈┈┈┈ **弧度法⇔度分法換算**

　コンピュータによる計算は，入力された度分秒（**度分法** Degee：deg）の角度をラジアン（**弧度法** Radian：rad）に換算してから行います．

　1 ラジアンは，半径 r の円の円周上の円弧の長さ l が半径と同じ長さ r のときの角度となります（図 3.2）．

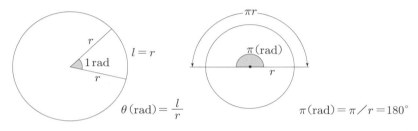

$$\theta\,(\text{rad})=\frac{l}{r} \qquad \pi\,(\text{rad})=\pi/r=180°$$

図 3.2　弧度法

度分法と弧度法は以下の関係があります．

　　$1\text{rad} = 180°/\pi \quad (1\text{rad} ≒ 57.195780°)$

具体例を示すと，$\theta = 146°\,18'\,35''$ をラジアンに換算する場合

　　$\theta = 146 + 18/60 + 35/3600 = 146 + 0.3 + 0.009722 = 146.309722°$

　　$146.309722° = 146.309722° \times \pi/180° = 2.553586\ \text{rad}$

逆に，2.553586 rad を度分秒に変換する場合は以下となります．

　　$2.553586\ \text{rad} = 2.553586 \times 180°/\pi = 146.3097°$

　　$146.3097° = 146°\,;(0.30 \times 60)'\,;(0.0097 \times 3600)'' = 146°\,18'\,35''$

3.2 水平角の観測

水平角の測角方法には，**単測法，方向法**があります．

望遠鏡を通常の状態（正位）で測角し，次に望遠鏡を鉛直方向に180°回転させた状態（反位）で測角を行います．このときの両測定値の平均値をとって観測角度とします．このように，機器的な誤差を除去するために正反1回ずつ行う観測を**一対回**といいます．

ただし，測量の種類や目的によっては，二対回以上の測定が必要となります．

3.2.1 単測法

図3.3に示すように測点1，測点2を単独に測定する方法を単測法といいます．

(1) 操作順序（一対回）

① 目盛を0付近にして，**下部運動**により測点1を視準します（**正位の始読**）．

② **上部運動**で角度を振り，測点2を視準します（正位の終読）．

③ 望遠鏡を反転して反位にした後，上部運動で測点2を視準します（反位の始読）．

④ 上部運動で測点1を視準します（**反位の終読**）．

⑤（正位の始読—正位の終読）を正位の測定値，（反位の始読—反位の終読）を反位の測定値とし，平均値をとります．

ここで，上部運動：目盛可動で視準　下部運動：目盛不動で視準

(2) 較差，倍角，観測差，倍角差

1 一対回毎に，較差；正反の秒の差

　　　　　　倍角；正反の秒の和

2 対回以上で，観測差；| 較差max −較差min |

　　　　　　倍較差；| 倍角max −倍角min |

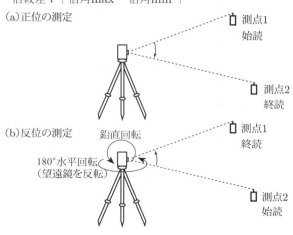

図3.3　単測法

例題 3-1　単測法（一対回）

単測法にて測定した結果を 表 3.1 に示しました．この観測角から測定結果を算出するエクセルシートを作成します．

表 3.1　測定結果（単測法）

準点	望遠鏡	視準点	観測角	測定角	平均角度
O	正位	1	0° 03′ 00″	28° 30′ 31″	28° 30′ 32″
		2	28° 33′ 31″		
	反位	2	208° 33′ 00″	28° 30′ 33″	
		1	180° 02′ 27″		

解答例

観測角等をすべて，秒に換算して計算を行いました．

例題 3-2　単測法（三対回）

測法により2点間の水平角 α を3回測定し下表の結果を得ました．表を埋め水平角 α，倍角差，観測差を求め，エクセルシートを作成します．

輪郭	望遠鏡	観測角（° ' "）			結果	倍角	較差
0°	正	0	0	10			
		30	49	20			
	反	210	48	50			
		180	0	05			
45°	正	45	1	20			
		75	50	20			
	反	255	48	50			
		224	59	55			
90°	正	90	0	0			
		120	48	30			
	反	300	49	55			
		270	0	35			

解答例

3.2.2　方向法

　複数対回を**輪郭**を変更して測定する方法で，高精度が要求される測量に用います．輪郭とは最初の測点の読みで，輪郭の変更は目盛誤差の除去のために行われます．対回数により，〔180°/ 対回数〕の目盛で行われます（2 対回なら 0°と 90°，3 対回なら 0°と 60°と 120°など）．

(1) 操作順序

　① 目盛を 0 付近にして，下部運動により測点 1 を視準します（正位の始読）．
　② **上部運動**にて測点 2 を視準して目盛を読みます．
　③ 上部運動にて測点 3 を視準して目盛を読みます．
　④ 同様にして，最後の測点 n までを測定します．
　⑤ 望遠鏡を反転させて，最終測点 n を上部運動にて視準し始読を読みます．
　⑥ 以下，正位の測定と同様に，反位にて左回りに順次測定していきます．
　⑦ 輪郭（目盛）を変更して，①〜⑥を再度実施します．

$$\begin{cases} 正位\ r\ （right） : 1 \to 2 \to 3 \to \cdots \to n \\ 反位\ l\ （left） \quad : n \to \cdots \to 3 \to 2 \to 1 \end{cases}$$

(2) 倍角差，観測差

　観測精度の判定のため，倍角差および観測差を求めます．規定では 表 3.2 の許容範囲が示されています．

　　倍　角：同じ視準点に対する 1 対回の観測角の秒数和（$r+l$）
　　較　差：同じ視準点に対する 1 対回の観測角の差（$r-l$）
　倍角差：各対回の同じ視準点に対する倍角の最大値と最小値の差
　観測差：各対回の同じ視準点に対する較差の最大値と最小値の差

表 3.2　基準点測量における許容倍角差・観測差

	1 級	2 級		3 級	4 級
		1 級トランシット（TS）	2 級トランシット（TS）		
対回数	2	2	3	2	2
倍角差	15″	20″	30″	30″	60″
観測差	8″	10″	20″	20″	40″

例題 3-3　方向法

方向法にて測定した観測角から測定結果を算出するエクセルシートを作成します.

解答例

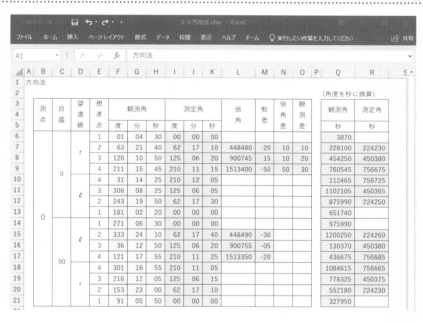

▌3.3　鉛直角の測定

　鉛直角の測定においても，高精度が必要とされる場合は，器械誤差を除去するために正位・反位の測定を行います．

(1) 高度定数

　望遠鏡の正位，反位の測定値の合計は理論的には 360° になりますが，器械誤差によって一定の誤差が生じます．この誤差の値を高度定数と呼びます．

$$高度定数　k = (r + l) - 360° \tag{3.2}$$

r：正位の鉛直角

l：反位の鉛直角

(2) 天頂角と高低角

　正・反の測定値および天頂角と高低角には以下の関係があります．

$$天頂角 = (r - l + 360°) / 2 \tag{3.3}$$

$$高低角 = 90° - 天頂角$$

天頂角：鉛直線方向と視準線のなす角度

高低角：水平線方向と視準線のなす角度

(3) 高度定数の許容値

　2 方向以上の鉛直角を測定したとき，それぞれの高度定数の最大値と最小値の較差により，鉛直角の精度を判定します．

$$高度定数 k の較差 = k の最大値 - k の最小値 \tag{3.4}$$

　表 3.3 に基準点測量における許容高度定数を示します．

表 3.3　基準点測量における高度定数の較差の許容値

	3 級	4 級
対回数	2	2
高度定数の較差	30″	60″

例題 3-4　鉛直角

天頂角および高低角を計算するエクセルシートを作成します.

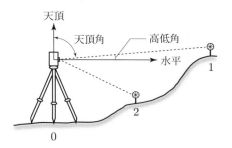

図 3.4　鉛直角の測定

解答例

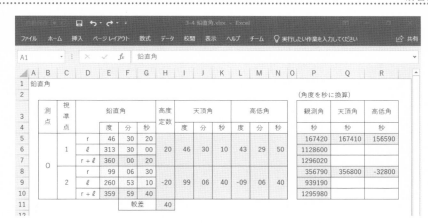

鉛直角

測点	視準点		鉛直角			高度定数	天頂角			高低角				観測角	天頂角	高低角
			度	分	秒		度	分	秒	度	分	秒		秒	秒	秒
O	1	r	46	30	20									167420	167410	156590
		ℓ	313	30	00	20	46	30	10	43	29	50		1128600		
		r + ℓ	360	00	20									1296020		
	2	r	99	06	30									356790	356800	-32800
		ℓ	260	53	10	-20	99	06	40	-09	06	40		939190		
		r + ℓ	359	59	40									1295980		
		較差			40											

(角度を秒に換算)

練習問題　4

1. 単測法により 2 点間の水平角 α を 2 対回測定し下表の結果を得ました.
   表を埋め水平角 α，倍角差，観測差を求めなさい.

輪郭	望遠鏡	観測角(°′″)	結果	倍角	較差
0°	正	0　0　5			
		55　25　35			
	反	235　25　20			
		180　0　25			
90°	正	90　0　20			
		145　24　55			
	反	325　24　55			
		269　59　35			

水平角 α _____

倍角差 _____

観測差 _____

2. 単測法により 2 点間の水平角 α を 3 対回測定し下表の結果を得ました.
   表を埋め水平角 α，倍角差，観測差を求めなさい.

輪郭	望遠鏡	観測角(°′″)	結果	倍角	較差
0°	正	0　0　10			
		30　49　20			
	反	210　48　50			
		180　0　5			
45°	正	45　1　20			
		75　50　20			
	反	255　48　50			
		224　59　55			
90°	正	90　0　0			
		120　48　30			
	反	300　49　55			
		270　0　35			

水平角 α _____

倍角差 _____

観測差 _____

練習問題　5　　　　　　　　　　　　　　　　　　　　　　（帰心計算）

1. 図のように A 点から視準できないので，D 点から角度 α' と ϕ を測定しました.
   $\alpha' = 50° 15' 20''$, e = 5.000m, $\phi = 215° 20' 18''$, $S_1 = S_2 = 75.250$m のとき，
   β_1, β_2, $\angle BAC = \alpha$ を求めなさい.

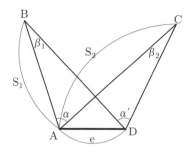

2. 図のように A 点から視準できないので，D 点から角度 α' と ϕ を測定しました.
   $\alpha' = 50° 15' 20''$, e = 5.000m, $\phi = 45° 20' 55''$, $S_1 = 80.525$m, $S_2 = 105.364$m のとき，
   β_1, β_2, $\angle SAC = \alpha$ を求めなさい.

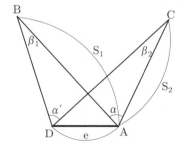

第4章
位置決定の測量

4.1 トラバース測量

トラバース測量（**多角測量**ともいう）は位置を決定する測量です．トラバース測量は工事測量，地籍測量，路線測量，都市計画測量などの比較的規模の小さな公共測量に使用されます．

トラバース測量は，**閉合トラバース**，**結合トラバース**，**開放トラバース**に大別されます．図4.1に示すように，測点を折れ線状に配置し，各測点間の距離と相隣れる2辺が形成する交角を測定して位置を決定します．

図4.1　トラバース

4.1.1 閉合トラバース

図4.2に示すような，既知点から出発して既知点に戻るトラバースを閉合トラバースと言います（αは角度をθは**方位角**を表す）．

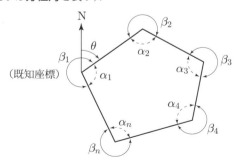

図4.2　閉合トラバース

閉合トラバースの観測誤差 $\Delta\alpha$ は，辺の数を n とすると以下で算定されます．

①内角 α を測定した場合（内角の和 $= 180°(n-2)$）

$$\Delta\alpha = 180°(n-2) - \sum\alpha \tag{4.1}$$

②外角 β を測定した場合（外角の和 $= 180°(n+2)$）

$$\Delta\alpha = 180°(n+2) - \sum\beta \tag{4.2}$$

角の調整は，$\Delta\alpha$ が制限内に収まっていれば各観測角に $\Delta\alpha/n$ を均等配分します．距離の調整は，閉合誤差を**コンパス法**などで各測線に配分します（後述）．

4.1.2 結合トラバース

既知点と既知点を結ぶトラバースを結合トラバースといいます．図 4.3 の場合，A，B，C，D が既知点で，A，B の座標および C，D の座標，あるいは θ_a，θ_b がわかっています．

A 点から B 点へ角観測を実施し，B 点（結合点）の方位角を求めると，観測誤差により既知の方位角 θ_b との差 $\Delta\theta_b$ が生じます．観測角の調整は，$\Delta\theta_b$ が制限値内に収まっていれば，$\Delta\theta_b$ を各測角値に均等配分します．

距離の調整は，閉合誤差をコンパス法などで各測線に配分します（後述）．

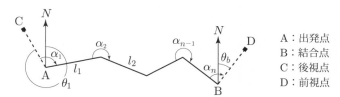

A：出発点
B：結合点
C：後視点
D：前視点

図 4.3　結合トラバース

4.1.3 開放トラバース

図 4.4 に示すように，結合点のないトラバースを開放（開）トラバースといいます．開放トラバースでは観測角および距離の調整はできません．

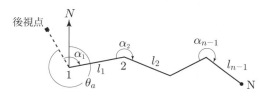

図 4.4　開放トラバース

4.2　方位角の計算

　測量において方向を示す方法には方位角と方向角があります．方向角がある基準からの方向を測った角度で表わすのに対して，方位角は経緯度を基準に子午線の北から時計回り（右回り）に測った角度で表わします．

4.2.1　開放および結合トラバース

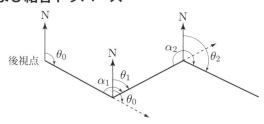

図 4.5　方位角の計算

　方位角は，一般的には**真北**を基準とした時計回りの角度で表されます．

　図 4.5 に示す方位角 θ_1, θ_2 … θ_n は，開放トラバースや結合トラバースでは，後視点から時計まわりで観測した交角を α としたとき，

$$\theta_1 = \theta_0 + 180° + \alpha_1$$
$$\theta_2 = \theta_1 + 180° + \alpha_2$$
$$\vdots$$
$$\theta_n = \theta_{n-1} + 180° + \alpha_n$$

$$(4.3)$$

となります．

　具体例を示すと，$\theta_0 = 120°$，$\alpha_1 = 130°$，$\alpha_2 = 240°$ のとき

$$\theta_1 = 120° + 180° + 130° = 430° - 360° = 70°$$
$$\theta_2 = 70° + 180° + 240° = 490° - 360° = 130°$$

となります．例で示したように，方位角が 360° より大きくなった場合には 360° を引きます．

4.2.2 閉合トラバース

閉合トラバースでは，図 4.6 に示す方位角

$$\theta_1, \ \theta_2 \ \cdots \ \theta_n$$

は，内角を α としたとき，右回り（進行方向に対して右側の交角）で観測した場合

$\theta_1 = $ 既知角
$\theta_2 = \theta_1 + 180° - \alpha_2$
$\vdots$
$\theta_n = \theta_{n-1} + 180° - \alpha_n$
$(\theta_1 = \theta_n + 180° - \alpha_1)$

(4.4)

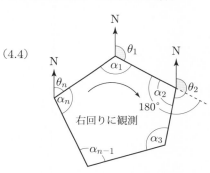

となります．

具体例を示すと，

$$\theta_1 = 60°, \ \ \theta_2 = 120°, \ \ \theta_3 = 100°$$

のとき

図 4.6　方位角の計算（右回り）

$\theta_2 = 60° + 180° - 120° = 120°$
$\theta_3 = 120° + 180° - 100° = 200°$

となります．

このように計算していき，方位角が 360° より大きくなった場合には，360° を引きます．

また，左回り（進行方向に対して左側の交角）で観測した場合は（図 4.7）

$\theta_1 = $ 既知角
$\theta_2 = \theta_1 + 180° + \alpha_2$
$\vdots$
$\theta_n = \theta_{n-1} + 180° + \alpha_n$
$(\theta_1 = \theta_n + 180° + \alpha_1)$

(4.5)

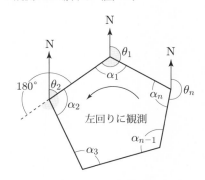

となります．

具体例を示すと，

$$\theta_1 = 135°, \ \alpha_2 = 100°, \ \alpha_3 = 100°$$

のとき

図 4.7　方位角の計算（左回り）

$\theta_2 = 135° + 180° + 100° - 360° = 55°$
$\theta_3 = 55° + 180° + 100° = 335°$

となります．

▎4.3　トラバースの調整

　一般にトラバス測量において距離や角度の測定を正確に行っていても常に誤差が発生します．このとき閉合比が要求される精度の範囲内であれば，合理的に誤差を配分して緯距，経距を算定します．これから調整作業をトラバースの調整といいます．

4.3.1　緯距と経距

　測量では，図 4.8 のように縦軸に南北，横軸に東西を示す座標を用い，南北方向の距離を**緯距**（Latitude），東西方向の距離を**経距**（Departure）とよびます．

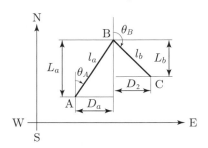

図 4.8　緯距と経距

　図 4.8 において，測線 AB の方位角を θ_A，長さを l_a，測線 BC の方位角を θ_B，長さを l_b とすると，各側線の緯距および経距は式（4.6）で表されます．

測線 AB の緯距　$L_a = l_a \times \cos\theta_A$
測線 AB の経距　$D_a = l_a \times \sin\theta_A$
測線 BC の緯距　$L_b = l_b \times \cos\theta_B$　　　　　　　　　　　　（4.6）
測線 BC の経距　$D_b = l_b \times \sin\theta_B$

　なお，測量では座標軸のとり方と象限のとり方が数学の座標系と異なるので，注意が必要です（図 4.9）．

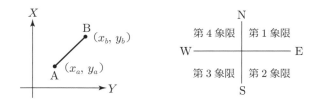

図 4.9　測量での座標軸のとり方と象限

4.3.2 閉合誤差と閉合比

閉合トラバースの場合，すべての測線の緯距および経距を合計すると 0 になるはずですが，図 4.10 に示すように，実際の観測値では緯距の誤差 ΔL および経距の誤差 ΔD が生じます．また，結合トラバースも同様に，既知点との誤差 ΔL およびΔDが生じます．

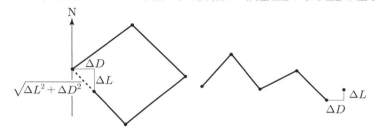

図 4.10　閉合誤差

このときの誤差の長さを**閉合誤差**といい，次式で表されます．

$$\sqrt{\Delta L^2 + \Delta D^2} \tag{4.7}$$

また，閉合誤差の測線の総和 $\sum l$ に対する比を**閉合比**といい，次式で表されます．

$$\frac{\sqrt{\Delta L^2 + \Delta D^2}}{\sum l} \tag{4.8}$$

一般に閉合比は，式（4.9）のように**精度**の形で示されます．

$$精度 = \frac{1}{閉合比} \tag{4.9}$$

閉合誤差の許容範囲は，次表を標準とします．

表 4.1　閉合誤差の許容範囲（mm）

	1 級基準点測量	2 級基準点測量	3 級基準点測量	4 級基準点測量
結合多角・単路線	$100 + 20\sqrt{N}\sum S$	$100 + 30\sqrt{N}\sum S$	$150 + 50\sqrt{N}\sum S$	$150 + 100\sqrt{N}\sum S$
閉合多角	$10\sqrt{N}\sum S$	$15\sqrt{N}\sum S$	$25\sqrt{N}\sum S$	$50\sqrt{N}\sum S$

N：辺数　$\sum S$ 路線長（km）

4.3.3　誤差の配分

閉合誤差が許容範囲内に収まっていれば，誤差を各測線に配分します．誤差の配分方法には，**コンパス法則**と**トランシット法則**があります．

（1）コンパス法則（法）

測角と測距の精度が同程度の場合に用います．誤差量のΔLおよびΔDを，測線距離の総和$\sum l$に対する各測線の長さl_iに比例させて配分します．

$$
\begin{aligned}
測線\,i\,の緯距調整量 &= \frac{-\Delta L}{\sum l} \times li \\
測線\,i\,の経距調整量 &= \frac{-\Delta D}{\sum l} \times li
\end{aligned}
\tag{4.10}
$$

（2）トランシット法則（法）

測角に対し測距の精度が劣る場合に用います（巻尺で測距した場合など）．緯距および経距の総和に対する各測線の緯距L_i，経距D_iの大きさで配分します．

$$
\begin{aligned}
測線\,i\,の緯距調整量 &= \frac{-\Delta L}{\sum |L|} \times Li \\
測線\,i\,の経距調整量 &= \frac{-\Delta D}{\sum |D|} \times Di
\end{aligned}
\tag{4.11}
$$

ここに，

$$
|L| = |L_1| + |L_1| + \cdots + |L_n|
$$
$$
|D| = |D_1| + |D_1| + \cdots + |D_n|
$$

4.4　トラバース測量の実施

トラバース測量の作業計画をたてるには，要求される精度と測量地域の地形を把握することが必要です．要求される精度によって，使用する器械，器具，測量方法などを決めます．

トラバース測量の作業の一般的な流れを図4.11に示します．能率の良い作業計画を立てるためには，現地踏査を行い，それを踏まえて測点を選ぶ選点を行います．

まず，現地を視察し，後に続く作業を効率的に実施できるように，トラバース線設定の計画を定めます．トラバース線は既設道路に沿って設定されるのが一般的です．

次に，踏査によって得られたトラバース線の計画をもとにして，トラバース点を決めます．作業途上

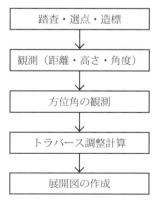

図4.11　トラバース測量の流れ

でトラバース点が消失すると，後の作業に多大な影響が起こるため，選点にあたっては
　①地盤がしっかりとしている場所の選点数は少なくする
　②器械の据え付けや視準が容易にでき，交通の邪魔にならない
　③トラバース点間の距離はなるべく等しく，高低差を小さくする
　④安全に保存できる
ことなどに注意が必要です．

また，**造標**にあたっては木杭，コンクリート杭など保存すべき期間を考えて杭の種類を決めます．

さらに，**細部測量**に際して，便利で利用しやすい点を選ぶことも必要です．

4.4.1　座標と距離の算出

まずはじめに，座標が既知の器械点にセオドライトを据え，既知の**後視点**を視準し，求点である**前視点**に対する測角・測距を行い，その座標値を求めることがトラバース測量の基本となります．

（1）後視点の方位角

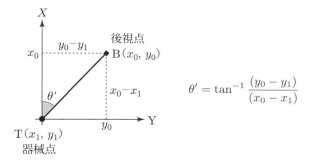

$$\theta' = \tan^{-1}\frac{(y_0 - y_1)}{(x_0 - x_1)}$$

図 4.12　後視点の方位角の算定 1

図 4.12 において，器械点の座標を $\mathrm{T}(x_1, y_1)$，後視点の座標を $\mathrm{B}(x_0, y_0)$ とすれば，X 軸と測線 TB のなす角度 θ' は式（4.12）で表されます．

$$\theta' = \tan^{-1}\{(y_0 - y_1)\ /(x_0 - x_1)\} \tag{4.12}$$

このとき，後視点 B の方位角 θ_0 は，後視点の位置が器械点 T に対してどの象限にあるかにより次式で求められます（図 4.13）．

　　第 1 象限：$\theta_0 = \theta' + 180°$
　　第 2 象限：$\theta_0 = \theta' + 360°$　（θ' は負の値）
　　第 3 象限：$\theta_0 = \theta'$
　　第 4 象限：$\theta_0 = \theta' + 180°$　（θ' は負の値）

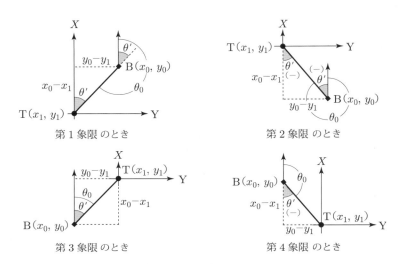

図 4.13　後視点の方位角の算定 2

　ただし，この方法では $x_0 = x_1$（測線が Y 軸に平行）のときと，$y_0 = y_1$（測線が X 軸に平行）のときには注意が必要です．$x_0 = x_1$ の場合プログラムでは，$y_0 > y_1$ のとき $\theta_0 = 270°$，$y0 < y1$ のとき $\theta_0 = 90°$ とし，$y_0 = y_1$ の場合は，$x_0 > x_1$ のとき $\theta_0 = 180°$，$x_0 < x_1$ のとき $\theta_0 = 0°$ としています（図 4.14）．（$x_0 = x_1$ かつ $y_0 = y_1$ はありえないものとします）

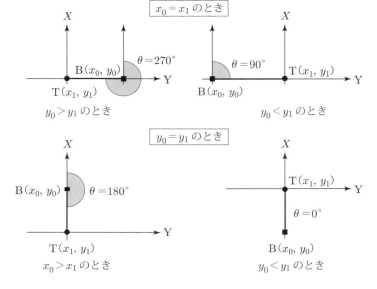

図 4.14　後視点の方位角の算定 3

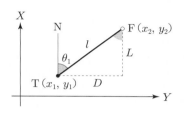

図 4.15　座標の計算

（2）器械点の方位角

器械点の方位角 θ_1 は，後視点から時計まわりで観測した交角を α としたとき

$\theta_1 = \theta_0 + 180° + \alpha$

ですから（式 4.3参照），求める前視点の座標を F (x_2, y_2)，としたとき，測線 TF の緯距 L および経距 D はそれぞれ

測線 TF の緯距　$L = l \times \cos \theta_1$

測線 TF の経距　$D = l \times \sin \theta_1$

となります（式 4.6参照）．よって，前視点 F の座標 (x_2, y_2) は

$x_2 = x_1 + L$

$y_2 = y_1 + D$

となります（図 4.15）．

また，前述の逆を考えれば，3 点の座標が既知であれば，測線 BT と測線 TB のなす角度が計算できます．

器械点の座標 T (x_1, y_1)，後視点の座標 B (x_0, y_0)，前視点の座標 F (x_2, y_2) が既知とすると，器械点 T の方位角 θ_1 は，前視点 F の位置が器械点 T に対してどの象限にあるかにより，次式で求められます（図 4.16）．

第 1 象限：$\theta_1 = \theta'$

第 2 象限：$\theta_1 = \theta' + 180°$　（θ' は負の値）

第 3 象限：$\theta_1 = \theta' + 180°$

第 4 象限：$\theta_1 = \theta' + 360°$　（θ' は負の値）

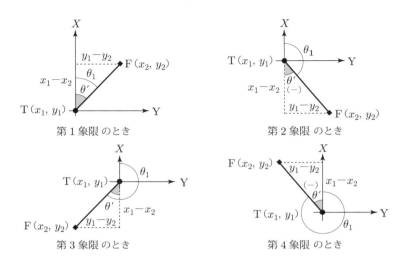

第 1 象限 のとき

第 2 象限 のとき

第 3 象限 のとき

第 4 象限 のとき

図 4.16　前視点の方位角の算定

$$\theta' = \tan^{-1} \{(y_1 - y_2) / (x_1 - x_2)\} \tag{4.13}$$

ただし，$x_1 = x_2$ の場合は，$y_1 > y_2$ のとき $\theta_1 = 90°$，$y_1 < y_2$ のとき $\theta_1 = 270°$ とします．
（$x_1 = x_2$ かつ $y_1 = y_2$ はありえないものとします）

方位角 θ_1 は，$\theta_1 = \theta_0 + 180° + \alpha$ ですから，角度 α は

$$\alpha = \theta_1 - \theta_0 - 180°$$

あるいは 360° を加えて

$$\alpha = \theta_1 - \theta_0 + 180°$$

となります．

例題 4-1　前視点の座標の計算

器械点と後視点の座標が与えられている場合，前視点までの観測距離 l と観測角 α から前視点の座標を求めます．また，器械点，後視点，前視点の座標が与えられている場合の交角と距離を求めます．

解答例

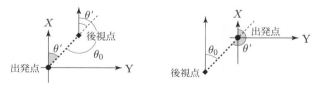

測点	測線			観測角			距離	方位角			緯距	経距	座標	
				度	分	秒		度	分	秒			X	Y
後視点								110	41	00			24.111	24.111
器械点	器械点	⇒	前視点	14	24	07	10.501	305	05	07	6.036	-8.593	20.000	35.000
前視点													26.036	26.407

前視点の座標から交角・距離を算出

測点	測線			交角			距離	方位角			緯距	経距	座標	
				度	分	秒		度	分	秒			X	Y
後視点								110	41	00			24.111	24.111
器械点	器械点	⇒	前視点	14	24	07	10.501	305	05	07	6.036	-8.593	20.000	35.000
前視点													26.036	26.407

4.4.2　開放トラバース

開放トラバースでは，出発点の座標 (x_1, y_1) と既知点（後視点）の座標 (x_0, y_0) あるいは出発点からみた後視点の方位角 θ' が与えられています．

座標 (x_0, y_0) が与えられている場合は，前述の計算により後視点の方位角各 θ_0 を求めます．また，θ' が与えられている場合は，

$$\theta_0 = \theta' + 180° \quad (0° \leqq \theta' \leqq 180°)$$
$$\theta_0 = \theta' - 180° \quad (180° < \theta' < 360°)$$

となります（図 4.17）．

図 4.17　方位角の算定（出発点からみた後視点の方位角 μ' が与えられている場合）

方位角 θ_0 が求まれば，交角と距離の観測値から各測点の方位角と座標が計算できます．

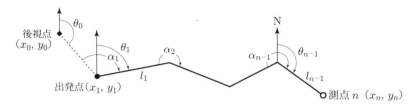

図 4.18　開放トラバース

方位角：$\theta_1 = \theta_0 + 180° + \alpha_1$

$\qquad\quad \theta_{n-1} = \theta_{n-2} + 180° + \alpha_{n-1}$

緯　距：$L_{n-1} = l_{n-1} \times \cos \theta_{n-1}$

経　距：$D_{n-1} = l_{n-1} \times \sin \theta_{n-1}$

各測点の座標 (x_n, y_n) は，開始点の座標を (x_1, y_1) とすれば次式となります．

$$x_n = \sum_{i=1}^{n-1} L_i + x_1 \qquad y_n = \sum_{i=1}^{n-1} D_i + y_1$$

具体例で示すと，以下のようになりました．

既知点（後視点）の座標	$(x_0, y_0) = (80.000, 20.000)$
出発点（測点 1）の座標	$(x_1, y_1) = (50.000, 40.000)$

	交角 α	距離 l
測点 1	$98° 30' 45''$	23.524m
測点 2	$151° 44' 10''$	25.478m

方位角：$\theta_0 = \tan^{-1} \{(y_0 - y_1)/(x_0 - x_1)\} + 180°$

$\qquad\quad = \tan^{-1} \{(-20.000)/(30.000)\} + 180°$

$\qquad\quad = -33° 41' 24'' + 180° = 146° 18' 36''$

方位角：$\theta_1 = 146° 18' 36'' + 180° + 98° 30' 45'' - 360° = 64° 49' 21''$

方位角：$\theta_2 = 64° 49' 21'' + 180° + 151° 44' 10'' - 360° = 36° 33' 31''$

緯　距：$L_1 = 23.524\text{m} \times \cos (64° 49' 21'') = 10.008\text{m}$

経　距：$D_1 = 23.524\text{m} \times \sin (64° 49' 21'') = 21.289\text{m}$

緯　距：$L_2 = 25.478\text{m} \times \cos\,(36°\,33'\,31'') = 20.465\text{m}$

経　距：$D_2 = 25.478\text{m} \times \sin\,(36°\,33'\,31'') = 15.176\text{m}$

測点 2 $(x_2, y_2) = (50.000 + 10.008,\ 40.000 + 21.289) = (60.008, 61.289)$

測点 3 $(x_3, y_3) = (60.008 + 20.465,\ 61.289 + 15.176) = (80.473, 76.465)$

例題 4-2　方位角，座標の計算（開放トラバース）

開放トラバースの各点における方位角と座標を求めるエクセルシートを作成します．

解答例

測点	測線			測定角			距離	方位角			cos	sin	緯距	経距	座標			測定角	方位角
				度	分	秒		度	分	秒					X	Y		度	度
P0								146	18	35					80.000	20.000			146.310
P1	P1 ⇒ P2			98	30	45	23.524	64	49	20	0.42543	0.90499	10.0077	21.28907	50.000	40.000		98.513	64.822
P2	P2 ⇒ P3			151	44	10	25.478	36	33	30	0.80325	0.59564	20.46517	15.17581	60.008	61.289		151.736	36.559
P3	P3 ⇒ P4			265	11	50	31.692	121	44	50	-0.52618	0.85038	-16.6756	26.95011	80.473	76.465		265.189	121.747
P4	P4 ⇒ P5			115	52	15	27.117	57	37	05	0.53556	0.84450	14.52272	22.90027	63.797	103.415		115.871	57.618
P5	P5 ⇒ P6			173	03	40	33.938	50	40	45	0.63366	0.77361	21.50513	26.25485	78.320	126.315		173.061	50.679
P6															99.825	152.570			

出発点⇒方位角　　　＊ 後視点の方位角あるいは座標は，どちらか一方を記入

後視点方位角＊

4.4.3　結合トラバース

出発点の後視点 (x_0, y_0)，出発点 (x_1, y_1)，および結合点 (x_N, y_N)，結合点の前視点 (x_Z, y_Z) を既知座標とした場合，以下の関係が成り立ちます（4.4.1 参照）．

- 出発点の後視点の方位角　θ_0

$\theta = \tan^{-1}\,\{(y_0 - y_1)\ /\ (x_0 - x_1)\}$

出発点に対し後視点が第 1 象限：$\theta_0 = \theta + 180°$

出発点に対し後視点が第 2 象限：$\theta_0 = \theta + 360°$　（θ' は負の値）

出発点に対し後視点が第 3 象限：$\theta_0 = \theta$

出発点に対し後視点が第 4 象限：$\theta_0 = \theta + 180°$　（θ' は負の値）

- 結合点の前視点の座標から算出した結合点の方位角　θ_Z

$\theta' = \tan^{-1}\,\{(y_N - y_Z)/(x_N - x_Z)\}$

結合点に対し前視点が第 1 象限：$\theta_Z = \theta'$

結合点に対し前視点が第 2 象限：$\theta_Z = \theta' + 180°$　（θ' は負の値）

結合点に対し前視点が第 3 象限：$\theta_Z = \theta' + 180°$

結合点に対し前視点が第 4 象限：$\theta_Z = \theta' + 360°$　（θ' は負の値）

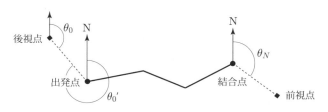

図 4.19　既知方位角（θ'_0, θ_N）

　出発点の後視点の座標ではなく，出発点から後視点への方位角 θ'_0 および結合点の方位角 θ_N が与えられている場合は（図 4.19 参照）

$\theta_0 = \theta'_0 + 180°$　（$0° \leqq \theta'_0 \leqq 180°$）

$\theta_0 = \theta'_0 - 180°$　（$180° \leqq \theta'_0 < 360°$）

となります.

　各測点の方位角 θ_n は，時計回りで測角（α）の場合

$\theta_1 = \theta_0 + 180° + \alpha 1$

$\theta_2 = \theta_1 + 180° + \alpha 2$

$\theta_n = \theta_{n-1} + 180° + \alpha_n$（結合点）

となり，結合点の方位角 θ_n 値は

$\theta_n = \theta_0 + 180° \times$（測点数 n）$+ \Sigma\ \alpha$　（360° 以下に調整）

で表されます.

　測角の誤差 $\Delta\alpha$ は，理論的に $\theta_N = \theta_n$ となることから $\theta_N - \theta_n$ より算出します. 誤差 $\Delta\alpha$ は，各測角値に均等配分するが，端数が出た場合は，45°, 135°, 225°, 315° に近い測角値から，端数がなくなるまで順次再配分します（測線長に反比例して配分する方法もある）.

　閉合誤差は，結合点の座標（x_n, y_n）と結合点の既知座標（x_N, y_N）との差より求め，測線長に応じて誤差を配分します（コンパス法）.

$$閉合誤差=\sqrt{\Delta L^2 + \Delta D^2}$$

$$閉合比=\frac{\sqrt{\Delta L^2 + \Delta D^2}}{\sum l}$$

$$精度=\frac{1}{閉合比}$$

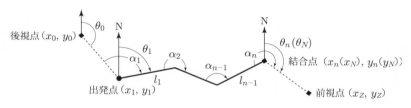

図 4.20　結合トラバース

例題 4-3　方位角，座標の計算（結合トラバース）

結合トラバースの各点における方位角と座標および精度を求めます．方位角は調整のうえ各方位角に誤差配分し，各座標は閉合誤差を求めコンパス法により調整します．

解答例

結合トラバース

	度	分	秒	
既知方位角				
出発点→後視点				←どちらか記入
結合点				←どちらか記入

既知点座標	X	Y
出発点の後視点	80.000	20.000
出発点の前視点	99.825	152.570
結合点	78.320	126.315

後視点の方位角	146	18	36

測点	測線	固定角 度	分	秒	測線長	調整角 秒	方位角 度	分	秒	緯距	経距	緯距調整量	経距調整量	調整緯距	調整経距	座標 X	Y
出発点 後視点→P2	P2	98	30	40	23.529	3	64	49	19	10.0100	21.2935	0.0027	0.0020	10.0127	21.2955	50.000	40.000
P2	P2→P3	151	44	10	25.463	2	36	33	31	20.4531	15.1669	0.0029	0.0022	20.4560	15.1691	60.013	61.295
P3	P3→P4	265	11	25	31.690	1	121	44	57	-16.6753	26.9479	0.0037	0.0027	-16.6716	26.9506	80.469	76.465
P4	P4→結合点	115	52	15	27.113	2	57	37	14	14.5197	22.8975	0.0031	0.0023	14.5228	22.8998	63.797	103.415
結合点 結合点→前視点		173	03	50		1	50	41	05							78.320	126.315

実行

角の閉合誤差（秒）	-9
閉合差	0.016
路線長	107.795
閉合比	1:6949

参考：閉合差の許容範囲（mm）

3級基準点測量	160
4級基準点測量	171

4.4.4　閉合トラバース

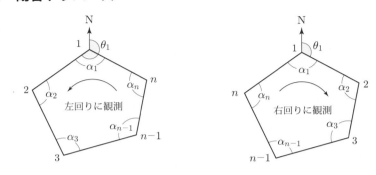

図 4.21　方位角（閉合トラバース）

　図 4.21 において，出発点 1 の座標と測線 1-2の方位角 θ_1 は既知とします．このとき，内角を左回りで観測した場合

$$\theta1 = 既知角$$

$$\theta2 = \theta1 + 180° + \alpha_2$$

$$\vdots$$

$$\theta_n = \theta_{n-1} + 180° + \alpha_n$$

$$(\theta_1 = \theta_n + 180° + \alpha_1)$$

右回りで観測した場合は

$$\theta_1 = 既知角$$

$$\theta_2 = \theta1 + 180° - \alpha_2$$

$$\vdots$$

$$\theta_n = \theta_{n-1} + 180° - \alpha_n$$

$$(\theta_1 = \theta_n + 180° - \alpha_1)$$

となります．

　方位角と測線長から緯距し，経距 D を求め，閉合誤差，閉合比により許容値のチェックを行い，必要に応じて誤差の配分を行います．

例題 4-4　方位角，座標の計算（閉合トラバース）

閉合トラバースの各点における内角と距離を観測し座標を求めます．内角は調整のうえ誤差配分し，各座標は閉合誤差を求めコンパス法により調整します．

解答例

練習問題　6　　　　　　　　　　　　　　　　　　　（トラバース測量）

3点の閉合トラバース測量の結果をもとに，座標まで計算しなさい．

測点	測線	距離 (m)	観測角 (° ′ ″)	調整量 C_α	調整角 (° ′ ″)	方位角 (° ′ ″)	緯距 (m)	経距 (m)
A	AB	41.105	54 38 10			104 02 10		
B	BC	40.528	68 50 50					
C	CA	46.276	56 31 25					
計			180 0 25					

測点	緯距の調整量 (m)	経距の調整量 (m)	調整経距 (m)	合緯距(m)（座標 X）	合経距(m)（座標 Y）
A					
B					
C					
計					

閉合誤差　$E = \sqrt{E_L^2 + E_D^2}$

$=$

閉合比　$\dfrac{1}{P} = \dfrac{E}{\Sigma L}$

$=$

第5章
面積・体積の計算

5.1　面積の計算

　土地の面積は，その土地を境界線により囲まれた水平面上に投影したときの面積を指します．**地籍調査**などでは，境界や面積など土地の表示に関する情報が正確に収められています．

5.1.1　三角区分法

　平面図にかかれた図形を図上で三角形に分割し，おのおのの三角形の面積を求めて合計する方法を**三角区分法**といいます．これらには，**三斜法**と**三辺法**があります．面積計算は座標のみでも計算できますが，図に表す時の根拠として役立ちます．

(1)　三斜法

　区分された三角形の底辺 b，高さ h を図上で求め次の式で計算します．この時，分割する各三角形は底辺と高さがなるべく等しくなるように注意します．

$$A = 1 / 2\ (b \cdot h)$$

例題 5.1　三斜法

図 5.1 に示す三斜法により多角形の面積を求めます．

解答例

表 5.1　計算表

計算表			
三角番号	底辺 b〔m〕	高さ h〔m〕	倍面積 $b \times h$
①	b_1	h_1	$b_1 \times h_1$
②	b_2	h_2	$b_2 \times h_2$
③	b_2	h_3	$b_2 \times h_3$
		総倍面積	$\Sigma\, b \times h$
		面積	$1 / 2\ \Sigma\, b \times h$

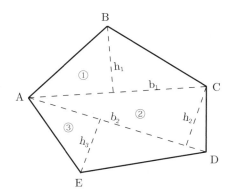

図 5.1　三射法による求積

三角番号	底辺	高さ	倍面積
①	15.0	6.0	90.0
②	16.0	5.5	88.0
③	16.0	5.0	80.0
	総倍面積		258.0
	面積		129.0

(2) 三辺法

区分した三角形の三辺から**ヘロンの公式**によって面積 As を求めます.

$$As = \sqrt{s(s-a)(s-b)(s-c)}$$

$$s = (a+b+c)/2$$

ヘロンの公式によって面積 As を求めます.

解答例

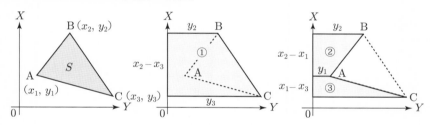

5.1.2 座標法による面積の測量

図 5.2　座標法による求積（三角形）

　図 5.2（左）に示す三角形 ABC の面積 S は，図（中央，右）に示した台形の面積をそれぞれ①，②，③とすると，①−②−③で求められます.

　各座標を A (x_1, y_1)，B (x_2, y_2)，C (x_3, y_3) とすると，それぞれの 2 倍の面積は

$$2 \times ① = (y_2 + y_3)(x_2 - x_3)$$

$$2 \times ② = (y_2 + y_1)(x_2 - x_1)$$

$$2 \times ③ = (y_1 + y_3)(x_1 - x_3)$$

となり，求める面積の 2 倍（倍面積）は

$$2S = (y_2 + y_3)(x_2 - x_3) - (y_2 + y_1)(x_2 - x_1) - (y_1 + y_3)(x_1 - x_3)$$

となります. 上式を整理し一般式で表すと，n 角形の面積を求める式は以下となります.

$$2S = \left| \sum_{i=1}^{n} x_i(y_{i+1} - y_{i-1}) \right| \quad (n = 角数) \tag{5.1}$$

ただし，$y_0 = y_n$，$y_{n+1} = y_1$ とします．

式（5.1）は，各座標値 (x_1, y_1)，(x_2, y_2)，$\cdots$，(x_n, y_n) を

$$\frac{x_1}{y_1} \diagdown\!\!\!\diagup \frac{x_2}{y_2} \diagdown\!\!\!\diagup \frac{x_3}{y_3} \cdots \frac{x_n}{y_n} \diagdown\!\!\!\diagup \frac{x_1}{y_1}$$

右斜め下 ＼（矢印）に掛けて足し，左斜め下 ╱（矢印）に掛けて引き，その合計の絶対値 $\times\dfrac{1}{2}$ で面積 S を得ることができます．

例題 5-3　座標法による面積の測量

図5.3に示すような，頂点座標を与えられた多角形の面積を求めるエクセルシートを作成します．

B（83.562，77.862）

C（59.908，108.484）

A
（50.000，40.000）

D（13.626，87.843）

X

Y

E（25.677，52.918）

図5.3　座標法による求積

解答例

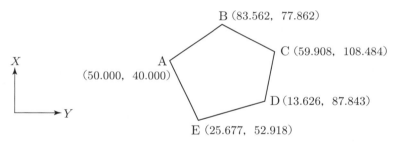

A	B	C	D	E	F	G	H	I	J	K	L
1 座標法による面積の測量											

測点	座標		x_n	y_{n+1}	y_{n-1}	$x_n(y_{n+1}-y_{n-1})$
	x	y				
A	50.000	40.000	50.000	77.862	52.918	1247.200
B	83.562	77.862	83.562	108.484	40.000	5722.660
C	59.908	108.484	59.908	87.843	77.862	597.942
D	13.626	87.843	13.626	52.918	108.484	-757.142
E	25.677	52.918	25.677	40.000	87.843	-1228.465
角数	5				面積	2791.097

5.1.3　曲線部の面積

（1）台形公式による面積の計算

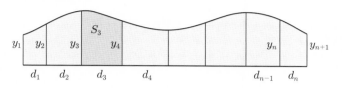

図 5.4　台形公式による求積

　図 5.4 のように，上部が曲線の面積を求める場合は，図のように面積を小区間に分け，各小区間を近似的に台形として考えます（図 5.5）.

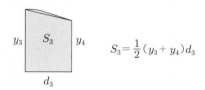

$$S_3 = \frac{1}{2}(y_3 + y_4)d_3$$

図 5.5　小区間の面積

　全体の面積 S は，台形の公式を用いた式（5.2）で求められます.

$$S = \frac{1}{2}\left\{d_1(y_1 + y_2) + d_2(y_2 + y_3) + \cdots + d_n(y_n + y_{n+1})\right\} \tag{5.2}$$

小区間の間隔が等間隔（d）である場合，式（5.2）は

$$S = \frac{d}{2}\left\{y_1 + 2(y_2 + y_3 + \cdots + y_n) + y_{n+1}\right\} \tag{5.3}$$

と簡単化されます.

　この方法（台形公式）では，当然ながら区間の間隔が小さいほど精度は高くなります.

例題 5-4　台形公式による面積の計算

図 5.4 のように，小分けする区域境界の距離およびその距離に対応する曲線までのオフセットが与えられている場合の面積を求めるエクセルシートを作成します.

解答例

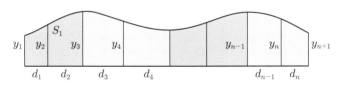

測点	オフセット距離	間隔*	区間倍面積
1	6.231	12.500	168.575
2	7.255	12.540	169.027
3	6.224	13.000	158.665
4	5.981	14.500	181.163
5	6.513	14.000	196.028
6	7.489	14.000	226.436
7	8.685		

等間隔の場合*
*間隔、等間隔はどちらか一方を入力

面積　549.947

（2）シンプソン公式による面積の計算

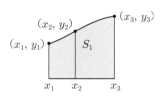

図 5.6　シンプソン公式による求積

シンプソン公式による面積の計算では，図 5.6 のように，隣接する 2 つの小区間で近似式をたてます.　したがって，区間割りは偶数である必要があります.

図 5.7　曲線を通る 3 点の座標

図 5.7 のように，曲線を通る 3 点の座標を (x_1, y_1)，(x_2, y_2)，(x_3, y_3) とすると，曲線の 2 次式は式 (5.4) となります（数学の座標系）．

$$f(x) = \frac{(x - x_2)(x - x_3)}{(x_1 - x_2)(x_1 - x_3)} y_1 + \frac{(x - x_1)(x - x_3)}{(x_2 - x_1)(x_2 - x_3)} y_2$$
$$+ \frac{(x - x_1)(x - x_2)}{(x_3 - x_1)(x_3 - x_2)} y_3 \tag{5.4}$$

区間の面積 S_1 は，式 (5.4) の曲線の方程式を区間 $[x_1, x_3]$ で積分すれば求められます（式 (5.5)）．

$$S_1 = \int_{x_1}^{x_3} f(x) = \frac{(x_3 - x_1)\{2(x_2 - x_1) - (x_3 - x_2)\}}{6(x_2 - x_1)} y_1$$
$$+ \frac{(x_3 - x_1)^3}{6(x_2 - x_1)(x_3 - x_2)} y_2 + \frac{(x_3 - x_1)\{2(x_3 - x_2) - (x_2 - x_1)\}}{6(x_3 - x_2)} y_3 \tag{5.5}$$

全体の面積は，区間割を n とすると $n/2$ 組の区間の合計となるので，$n/2 = m$ とし，式 (5.5) を一般式で表すと式 (5.6) となります．

$$S = \sum_{j=1}^{m} \left[\frac{(x_{2j+1} - x_{2j-1})\{2(x_{2j} - x_{2j-1}) - (x_{2j+1} - x_{2j})\}}{6(x_{2j} - x_{2j-1})} y_{2j-1} \right.$$
$$+ \frac{(x_{2j+1} - x_{2j-1})^3}{6(x_{2j} - x_{2j-1})(x_{2j+1} - x_{2j})} y_{2j}$$
$$\left. + \frac{(x_{2j+1} - x_{2j-1})\{2(x_{2j+1} - x_{2j}) - (x_{2j} - x_{2j-1})\}}{6(x_{2j+1} - x_{2j})} y_{2j+1} \right] \tag{5.6}$$

式 (5.6) において，y を**オフセット量**，$x_n - x_{n-1}$ をオフセット間隔 d_n として置き換えると式 (5.7) となります．

$$S = \sum_{j=1}^{m} \left[\frac{(d_{2j} + d_{2j-1})(2 \times d_{2j-1} - d_{2j})}{6 \times d_{2j-1}} y_{2j-1} + \frac{(d_{2j} + d_{2j-1})^3}{6 \times d_{2j-1} \times d_{2j}} y_{2j} \right.$$
$$\left. + \frac{(d_{2j} + d_{2j-1})(2 \times d_{2j} - d_{d_{2j-1}})}{6 \times d_{2j}} y_{2j+1} \right] \tag{5.7}$$

また，小区間の間隔が等間隔（d）である場合，式 (5.6) は

$$S = \sum_{j=1}^{m} \frac{d}{3} \{y_{2j-1} + 4y_{2j} + y_{2j+1}\} \tag{5.8}$$

と簡単化されます．また，式 (5.8) を展開すると式 (5.9) となります．

$$S = \frac{d}{3} \{y_1 + 4(y_2 + y_4 \cdots, + y_{2m}) + 2(y_3 + y_5 + \cdots, + y_{2m-1}) + y_{2m+1}\} \tag{5.9}$$

ここで，$2m = n$であるから，式（5.9）は

$$S = \frac{d}{3}\left\{y_1 + 4(y_2 + y_4 + \cdots + y_n) + 2(y_3 + y_5 + \cdots + y_{n-1}) + y_{n+1}\right\} \qquad (5.10)$$

となります.

例題 5-5　シンプソン公式による面積の測量

図 5.6 のように，曲線までのオフセットの距離，間隔が与えられている場合の面積を
シンプソン公式により求めるエクセルシートを作成します.

解答例

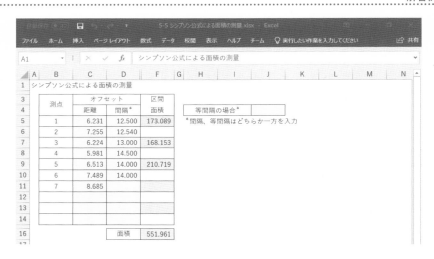

5.2 体積の計算

　細長い土地の工量を計算するときは両端断面平均法により計算します．**宅地造成**や，土取り場と土捨場の容積測定などのように広い面積の**土量**を計算する場合には**点高法**が用いられます．

5.2.1 平均断面法

　両端の断面積を平均して，断面間の距離を掛け合わせて体積を求める方法です．なお，土木工事においては土の体積を土積ということがあります．

$$V = (A_1 + A_2)/2 \cdot L$$

　ただし，　　V：体積〔m³〕

　　　　　　　A_1, A_2：断面積〔m²〕

　　　　　　　L：断面間の距離〔m〕

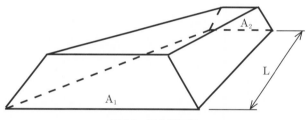

図5.8　平均断面法

例題5.6　平均断面法による体積計算（1）

平均断面法により体積を計算します．

解答例

	A	B	C	D	E
1	平均断面法による体積計算(1)				
3	断面積	A_1	10.0	m²
4		A_2	20.0	m²
5	断面間の距離	L	100.0	m
6	体積	V	1500.0	m³

5.2.2　連続する断面の土量計算

　体積 V は隣り合う測点の断面積を平均し，その間の距離を乗じて求めます．このとき
図 5.9 に示すような道路計画における切土面積（C.A.），盛土面積（B.A.）より体積を求
める場合，切土と盛土の体積を別々に計算します．

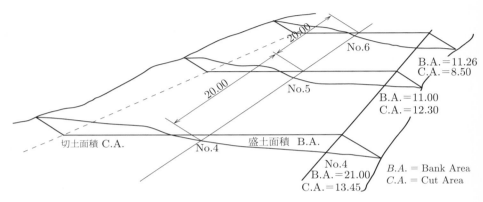

図 5.9　縦横断面図の例

例題 5.7　平均断面法による体積計算（2）

平均断面法により連続した断面の土量を算定します．

解答例

測点	距離	断面積		体積	
		切土	盛土	切土	盛土
No.4	0.00	13.45	21.00		
No.5	20.00	12.30	11.00	257.50	320.00
No.6	20.00	8.50	11.26	208.00	222.60

（1）長方形区分による体積の計算

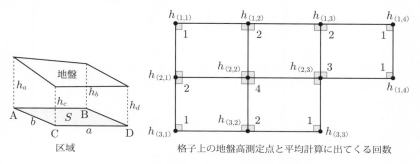

図 5.10　点高法における区分（長方形区分）

1つの区域 ABCD において，A 点，B 点，C 点，D 点のそれぞれの地盤高を h_a, h_b, h_c, h_d とすると，その区域の体積 V_A は，面積 S（$a \times b$）に地盤高の平均をかけたもので近似できます（図 5.10）．

$$V = S \times \frac{h_a + h_b + h_c + h_d}{4} \tag{5.11}$$

この区域を図 5.10 の右図のように複数個格子状に配置すると

$$\sum V = S \times \left(\frac{h_{1,1} + h_{1,2} + h_{2,1} + h_{2,2}}{4} + \frac{h_{1,2} + h_{1,3} + h_{2,2} + h_{2,3}}{4} \right.$$
$$\left. + \frac{h_{1,3} + h_{1,4} + h_{2,3} + h_{2,4}}{4} + \cdots \right) \tag{5.12}$$

となります．式（5.12）において，平均計算に 1 回表れる高さ（1 つの格子に関与する高さ）を H_1，同様に 2 回表れるを H_2，3 回 H_3 4 回 H_4 とすると式（5.13）に整理されます．

$$V = S \times \frac{1}{4} (\Sigma H_1 + 2\Sigma H_2 + 3\Sigma H_3 + 4\Sigma H_4) \tag{5.13}$$

（2）三角形区分による体積の計算

三角形区分の点高法の体積計算の場合も長方形区分と考え方は同じで，A，B，C 点の平均地盤高に面積 S をかけたもので近似できます（図 5.11）．計算量は多くなりますが，区分を細かくすることで，精度は高くなります．

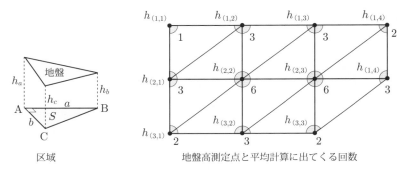

図 5.11   点高法における区分（三角形区分）

平均計算で重複する高さを回数別に H_1, H_2, H_3, H_6 とすると式（5.14）に整理されます.

$$V = S \times \frac{1}{3} \left(\Sigma H_1 + 2\Sigma H_2 + 3\Sigma H_3 + 6\Sigma H_6 \right) \tag{5.14}$$

また, 全区域の体積を全区域の水平面積で除すると全区域の平均地盤高が求められます.

例題 5-8   点高式による体積の計算

図 5.10 のように, 格子状に地盤高が与えられている場合の地域の体積を点高式（長方形区分, 三角形区分）により求めます.

解答例

						体積	3261.67		長方形区分	
	横長(x)	10.00			面積	550.00				
区分	縦長(x)	10.00			平均高	5.93		三角形区分		
	個数	11								
地盤高	x_1	x_2	x_3	x_4	x_5	x_6	x_7	x_8	x_9
y_1	6.30	5.80	5.20	5.00					
y_2	6.40	6.60	5.70	4.80					
y_3	7.10	6.20	5.50						
y_4									
y_5									
y_6									
y_7									
y_8									
y_9									

第6章

路線の測量

6.1　路線測量

路線測量とは，道路や水路などその幅に比べて延長の長い構造物等に対する測量をいい，主要点から線形地形図を作成する中心線測量，路線の縦断の標高を測り**縦断面図**を作成する縦断測量，路線の横断の距離・標高を測り横断面図を作成する**横断測量**などがあります．

路線は，直線と曲線の組合せで構成されており，曲線には**曲率**（曲線半径の逆数）が一定の**単曲線**，曲率が曲線長に比例して増加する**クロソイド曲線**（緩和曲線）などがあります．

6.2　単曲線の設定

2直線と外長線が既知のとき，また始点，終点，交点が既知であれば単曲線を設定できます．

6.2.1　単曲線の設定

(1) 単曲線を設定するための諸要素

単曲線の設定に必要となる主な要素と算出法を以下に列記します（図6.1）．

BC：**曲線始点**（Beginning of Curve）

EC：**曲線終点**（End of Curve）

IP：**交点**（Intersection Point）

O：曲線円の中心点

R：曲線円の半径（Radius of Curve）

I：2直線のなす交角

　　（Intersection angle）

SP：曲線中点（Secant Point）

TL：**接線長**（Tangent Length）

$$TL = R\tan\frac{I}{2}$$

CL：**曲線長**（Curve Length）

$$CL = RI \quad I：ラジアン$$

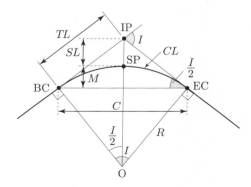

図6.1　単曲線の要素

SL：**外線長**（Secant Length）

$$SL = R(\sec \frac{I}{2} - 1)$$

M：**中央縦距**（Middle Ordinate）

$$M = R \left(1 - \cos \frac{I}{2}\right)$$

C：**弦長**（choed）

$$C = 2 \times R \sin \frac{I}{2}$$

(2)　2つの直線と外線長より単曲線を設定する方法

2つの直線を単曲線で結びたいとき，2つの直線の方程式とその交点 IP からの距離 SL が既知であれば，単曲線を設定できます.

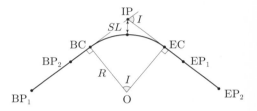

図 6.2　単曲線の設定

図 6.2 において，$\mathrm{BP_1}$，$\mathrm{BP_2}$ および $\mathrm{EP_1}$，$\mathrm{EP_2}$ の座標が既知とすると，直線 $\mathrm{BP_1}$-$\mathrm{BP_2}$ と直線 $\mathrm{EP_1}$-$\mathrm{EP_2}$ の方程式が定まります[*1]. これを $x = m_1 y + b$，$x = m_2 y + c$（測量座標）とすると，2直線の交点の座標 IP (x_I, y_I) は式（6.1）で求められます.

$$x_I = \frac{m_1(c - b)}{m_1 - m_2} + b \qquad y_I = \frac{c - b}{m_1 - m_2} \qquad \text{（測量座標）} \tag{6.1}$$

ただし，$m_1 = m_2$ のときは2直線は平行となり交点は存在しません.

2つの直線のなす交角 I は，BP，IP，EP の座標からトラバース計算と同じ要領で算出します. ただしこの場合，交角 I に対する補角 θ（$0 \sim 2\pi$）が算出されるので，$I = \pi - \theta$ 等の調整が必要です.

また，円の半径 R は，外線長 SL が与えられるので，式（6.2）で求められます.

$$R = \frac{SL}{\sec \frac{I}{2} - 1} \tag{6.2}$$

交角 I と円の半径 R が決まれば，図形を確認しながら諸要素および各点の座標が計算できます（前項参照）.

---

*1　例えば，(x_1, y_1)，(x_2, y_2) を通る直線の方程式（測量座標）

$$x - x_1 = \frac{x_2 - x_1}{y_2 - y_1}(y - y_1)$$

　プログラムを実行すると交角 I が決まるので，半径 R のときの外線長 SL が計算できます．この外線長 SL を再入力すれば，半径 R のときの諸要素が出力できます．

例題 6-2　座標より単曲線を設定する方法

BC，IP および EC の座標が与えられている場合の単曲線の設定に必要な諸要素を求めます．

解答例

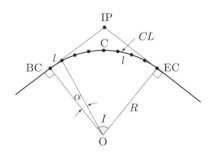

座標	x	y
BC	320.221	320.221
IP	340.000	340.000
EC	324.484	363.273

交角(°)	78.690
単曲線半径	34.119
接線長	27.971
曲線長	46.859
弦長	43.262
外線長	10.000
中央縦距	7.733

座標	x	y
中心点	296.095	344.347

6.2.2　単曲線の設置

　単曲線を設置する方法はさまざまありますが，曲線上に等間隔の杭を打つための杭の座標値を求める方法を例に示します．

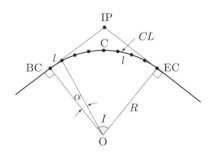

図 6.4　単曲線の設置

図6.4において，杭の間隔を l とすると

$$\alpha = \frac{l}{R} \quad （\alpha：ラジアン）$$

となるので，曲線の中心 O を基点，BC 点を後視点と考えた場合，BC 点から長さ l の曲線上の座標は，角度 α を振り距離 R の前視点の座標となります．順次，角度を 2α，3α，…としていけば各杭の座標が求まる．

　杭の座標が決まれば，測量がしやすい任意の点を基点とし，既知の座標（IP, BC, EC 等）を後視点とすれば各杭までの角度，距離から杭の設置ができます．

例題 6-3　単曲線の設置

単曲線の諸要素がわかっている場合（例では交角 I，半径 R，中心座標 O，BC），曲線上に等間隔に設置杭を打つための任意点からの角度，距離を求めます．

解答例

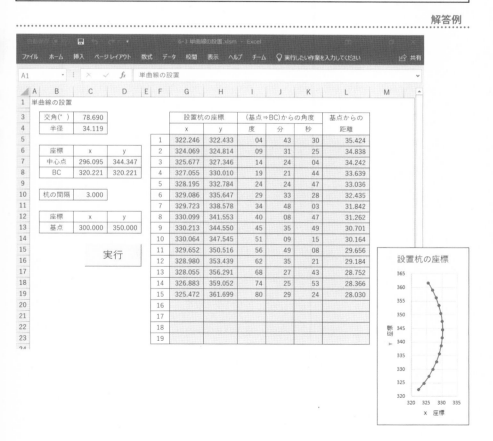

6.3　クロソイド曲線

クロソイド曲線は，曲率（ 1 / 曲線半径）と曲線長が反比例する螺線（螺旋状の曲線）で，曲線上の任意点において曲線半径×曲線長が一定となります．クロソイド曲線は，その一部を利用して**緩和曲線**等に利用されます．

式で表すと，**曲線半径**を R，曲線長を L とした場合

$$RL = 一定 = A^2 \tag{6.3}$$

となります．ここで，A をクロソイドのパラメータといい，単曲線における半径 R と同様にクロソイドの大きさを定めます．

なお，クロソイド曲線の設定は各クロソイドの独立座標で計算するため，設定後，測地座標と合わせるために座標変換が必要となります．

6.3.1　クロソイド曲線の設定

（1）クロソイド曲線を設定するための諸要素

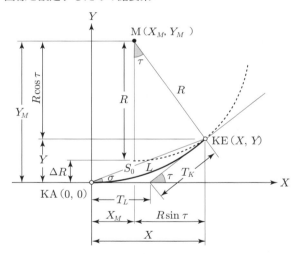

図 6.5　クロソイド曲線の要素（クロソイド座標）

単曲線の設定に必要となる主な要素と算出法を以下に列記します（図 6.5）．

KA：クロソイド始点（原点（0, 0））

KE：クロソイド終点（X, Y）

X, Y：クロソイド終点クロソイド座標における KE の座標

L：クロソイド曲線長　　$L = A^2/R$

R：KE における曲率半径（単曲線の半径）

ΔR：シフト（移程量）　　$\Delta R = Y + R\cos\tau - R$

X_M, Y_M：KE 点における曲率半径（R）の中心座標

τ：接線角　　$\tau = L/2R$　（ラジアン）

σ：極角　　$\tan^{-1}(Y/X)$

S_0：動径　　$Y\cosec\,\sigma$

T_K：短接線長　　$Y\cosec\,\tau$

T_L：長接線長　　$X - Y\cot\,\tau$

■単位クロソイド表

　クロソイド曲線を設定するための諸要素は，単位クロソイド表にまとめられています（日本道路協会発行『クロソイドハンドブック』等）．単位クロソイド表の長さの次元をもつ数値は，パラメータの A をかけることにより所要の数値が得られます．

　式（6.3）を単位クロソイド（$A = 1$）で考えるためにで両辺を A^2 割ると

$$\frac{RL}{A^2} = 1$$

となります．ここで，

$$\frac{R}{A} = r \qquad \frac{L}{A} = l$$

とおくと，式（6.4）となります．この式が単位クロソイドの基本式となります．

$$rl = 1 \tag{6.4}$$

(2) クロソイド曲線上の座標の算定

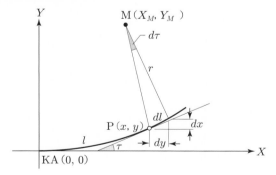

図6.6　クロソイド上の座標の算定

　図6.6（数学座標）において，クロソイド上の点 P (x, y) での曲率半径を r，曲線長を l とし，微小要素を考えると $dl = d\tau r$，$rl = A^2$ であるから

$$dl = d\tau \frac{A^2}{l} \quad \Rightarrow \quad \frac{d\tau}{dl} = \frac{l}{A^2}$$

この式を積分すると（条件：$l = 0$のとき $\tau = 0$）

$$\tau = \frac{l^2}{2A^2} \tag{6.5}$$

$A^2 = rl$ を戻すと式（6.5）となります．

$$\tau = \frac{l}{2r} \tag{6.6}$$

一方，$dx = dl \sin\tau$，$dy = dl \cos\tau$ であるから，$dl = d\tau r$ および式（6.5）から $l = A\sqrt{2\tau}$ を代入すると

$$dx = \frac{A}{\sqrt{2\tau}} \sin\tau d\tau = \frac{A}{\sqrt{2}} \frac{\sin\tau}{\sqrt{\tau}} d\tau$$
$$dy = \frac{A}{\sqrt{2\tau}} \cos\tau d\tau = \frac{A}{\sqrt{2}} \frac{\cos\tau}{\sqrt{\tau}} d\tau \tag{6.7}$$

ここで，$\sin\tau$，$\cos\tau$ はべき級数に展開（テイラー展開）してから積分を行います．

任意の関数 $f(x)$ は以下の式に展開できます．（fの肩数字は微分回数）

$$f(x) = f(0) + f'(0)x + \frac{f''(0)}{2!}x^2 + \frac{f^{(3)}(0)}{3!}x^3 + \frac{f^{(4)}(0)}{4!}x^4 + \cdots$$
$$= \sum_{n=0}^{\infty} \frac{f^{(n)}(0)}{n!}x^n$$

$\sin\tau$，$\cos\tau$ は，$\sin'\tau = \cos\tau$，$\cos'\tau = -\sin\tau$ より

$$\sin\tau = \sin(0) + \cos(0)\tau - \frac{\sin(0)}{2!}\tau^2 - \frac{\cos(0)}{3!}\tau^3 + \frac{\sin(0)}{4!}\tau^4 + \cdots$$
$$= \tau - \frac{\tau^3}{3!} + \frac{\tau^5}{5!} - \frac{\tau^7}{7!} + \frac{\tau^9}{9!} + \cdots$$
$$= \sum_{n=1}^{\infty} (-1)^{n+1} \frac{\tau^{2n-1}}{(2n-1)!}$$

$$\cos\tau = \cos(0) - \sin(0)\tau - \frac{\cos(0)}{2!}\tau^2 + \frac{\sin(0)}{3!}\tau^3 + \frac{\cos(0)}{4!}\tau^4 - \cdots$$
$$= 1 - \frac{\tau^2}{2!} + \frac{\tau^4}{4!} - \frac{\tau^6}{6!} + \frac{\tau^8}{8!} - \cdots$$
$$= \sum_{n=0}^{\infty} (-1)^n \frac{\tau^{2n}}{(2n)!}$$

よって

$$\frac{\sin \tau}{\sqrt{\tau}} = \sum_{n=1}^{\infty} (-1)^{n+1} \frac{\tau^{(2n-1)-\frac{1}{2}}}{(2n-1)!} = \sum_{n=1}^{\infty} (-1)^{n+1} \frac{\tau^{\left(\frac{4n-3}{2}\right)}}{(2n-1)!}$$

$$\frac{\cos \tau}{\sqrt{\tau}} = \sum_{n=0}^{\infty} (-1)^{n} \frac{\tau^{(2n)-\frac{1}{2}}}{(2n)!} = \sum_{n=0}^{\infty} (-1)^{n} \frac{\tau^{\left(\frac{4n-1}{2}\right)}}{(2n)!}$$

積分すると

$$\int_{0}^{\tau} \frac{\sin \tau}{\sqrt{\tau}} d\tau = \sum_{n=1}^{\infty} (-1)^{n+1} \frac{2}{(4n-1)} \times \frac{\tau^{\left(\frac{4n-1}{2}\right)}}{(2n-1)!}$$

$$\int_{0}^{\tau} \frac{\cos \tau}{\sqrt{\tau}} d\tau = \sum_{n=0}^{\infty} (-1)^{n} \frac{2}{(4n+1)} \times \frac{\tau^{\left(\frac{4n+1}{2}\right)}}{(2n)!}$$

よって式（6.7）の積分は，$A = \sqrt{rl}$, $\tau = l/2r$（式（6.6））を代入すると

$$x = \sqrt{\frac{rl}{2}} \left\{ \sum_{n=1}^{\infty} (-1)^{n+1} \frac{2}{(4n-1)} \times \frac{\left(\frac{l}{2r}\right)^{\left(\frac{4n-1}{2}\right)}}{(2n-1)!} \right\}$$

$$y = \sqrt{\frac{rl}{2}} \left\{ \sum_{n=0}^{\infty} (-1)^{n} \frac{2}{(4n+1)} \times \frac{\left(\frac{l}{2r}\right)^{\left(\frac{4n+1}{2}\right)}}{(2n)!} \right\} \tag{6.8}$$

実際の計算では，∞まででできないので $n = 6$ 程度の近似値をとります.

　式（6.8）で $l = L$ の場合の y, x が KE のクロソイド座標 X, Y となります（測量座標）. 以上より，接合する単曲線の半径 R，クロソイドのパラメータ A が与えられれば，クロソイド曲線の諸要素が計算できます.

例題 6-4　クロソイド曲線の設置

エクセルにてクロソイド表（A 表）の諸要素を計算します.

解答例

6.3.2　クロソイド曲線の設置

（1）要素の算定

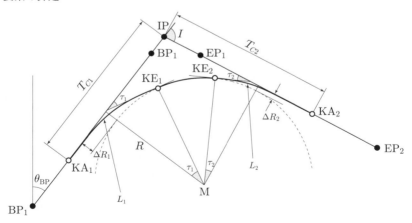

図 6.7　非対称形クロソイド曲線

図 6.7 のように，2 つの直線に挟まれた場所にクロソイド曲線と単曲線を設置する場合
を考えます．

直線の方程式・方位角，IP 座標，交角 I はこれまでの説明で算出できるので，始点側
および終点側のパラメータ A，単曲線の半径 R を与えれば非対称形クロソイド曲線の設
定ができます（パラメータを同じにすれば対称形となる）．

まず，パラメータ A，単曲線の半径 R にて決定される要素は $RL = A^2$ より

$$L_1 = \frac{A_1^2}{R} \quad L_1 = \frac{A_1^2}{R}$$

$$\tau_1 = \frac{L_1^2}{2A_1^2} = \frac{L_1}{2R} \quad \tau_2 = \frac{L_2^2}{2A_2^2} = \frac{L_2}{2R}$$

また，単曲線の長さ L_C は

$$L_C = R(I - \tau_1 - \tau_2)$$

次に，始点側および終点側のクロソイド曲線を設定します．

図 6.7 のクロソイド曲線部分を図 6.8 に示します．

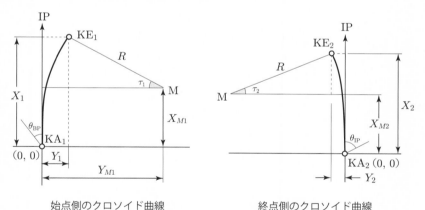

始点側のクロソイド曲線　　　　終点側のクロソイド曲線

図 6.8　始点側・終点側のクロソイド曲線（クロソイド座標）

図 6.8 のように，各クロソイドについて KA を原点とする独立の座標にて X，Y を算
出します（6.3.1(2) 項参照）．なお，始点側のクロソイド座標において，M の座標 X_{M1}，
Y_{M1} が単曲線の中心の座標となります．クロソイド座標は後述のように，それぞれ θ_{BP}，
θ_{IP} 回転して測地座標に変換します．

以上より，以下が決定されます．

$$X_{M_1} = X_1 - R \sin \tau_1 \qquad Y_{M_1} = Y_1 + R \cos \tau_1$$

$$X_{M_2} = X_2 - R \sin \tau_2$$

$$\Delta R_1 = (Y_1 + R \cos \tau_1) - R \qquad \Delta R_2 = (Y_2 + R \cos \tau_2) - R$$

$$T_{C_1} = X_{M1} + R \tan \frac{I}{2} + \frac{\Delta R_2}{\sin I} - \frac{\Delta R_1}{\tan I}$$

$$T_{C_2} = X_{M2} + R \tan \frac{I}{2} + \frac{\Delta R_1}{\sin I} - \frac{\Delta R_2}{\tan I}$$

接線長 T_{C1} および T_{C2} は，単曲線における接線長 $\tan I/2$ を基準にして，ΔR_1，ΔR_1 シフトした場合の長さとして算定しています（図 6.9）.

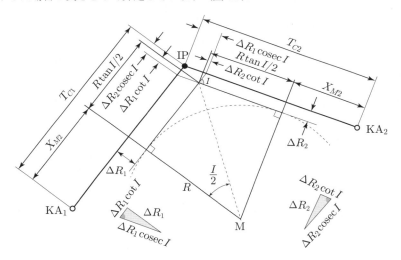

図 6.9　接線長の算定

(2) クロソイド座標の変換

　これまでに求めた，クロソイド曲線上の KE 点，単曲線の中心座標 X_M, X_Y は KA を原点とする独立座標ですから，測地座標に座標変換します．

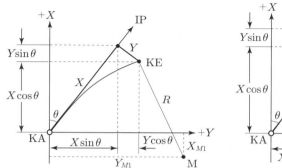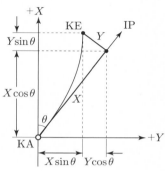

座標変換（右回りの場合）　　座標変換（左回りの場合）

図 6.10　始点側のクロソイド座標変換

　始点側の直線のクロソイド曲線の場合（図 6.10），KE の測地座標を (x_1, y_1)，クロソイド座標を (X_1, Y_1)，KA の測地座標を (KAx_1, KAy_1)，始点側直線の方向角を θ とすると

右回りの場合

$$x_1 = KAx_1 + X_1 \cos\theta - Y_1 \sin\theta$$

$$y_1 = KAy_1 + X_1 \sin\theta + Y_1 \cos\theta$$

左回りの場合　　　　　　　　　　　　　　　　　　　　　　　　　　(6.9)

$$x_1 = KAx_1 + X_1 \cos\theta + Y_1 \sin\theta$$

$$y_1 = KAy_1 + X_1 \sin\theta - Y_1 \cos\theta$$

となります．また，単曲線の中心座標も同様に，測地座標を (O_x, O_y)，クロソイド座標を (X_{M1}, Y_{M1}) とすると，

右回りの場合

$$O_x = KAx_1 + X_{M1} \cos\theta - Y_{M1} \sin\theta$$

$$O_y = KAy_1 + X_{M1} \sin\theta + Y_{M1} \cos\theta$$

左回りの場合　　　　　　　　　　　　　　　　　　　　　　　　　　(6.10)

$$O_x = KAx_1 + X_{M1} \cos\theta + Y_{M1} \sin\theta$$

$$O_y = KAy_1 + X_{M1} \sin\theta - Y_{M1} \cos\theta$$

となります.

　右回り，左回りの判別は，終点側の直線との位置関係（IP 点の方向角 θ_{IP}）にて判定します.

【$0 \leqq \theta \leqq ¼$】

$\quad \theta \leqq \theta_{IP} \leqq \theta + \pi$　　　　　　　　　のとき右回り

$\quad \theta + \pi < \theta_{IP} < \theta + 2\pi$　　　　　　のとき左回り

【$¼ \leqq \theta \leqq 2¼$】

$\quad \theta \leqq \theta_{IP} \leqq \theta + \pi$　　　　　　　　　のとき右回り

$\quad \theta - \pi < \theta_{IP} < \theta$　　　　　　　　のとき左回り

　式（6.9）は始点側クロソイド座標の任意の点（X, Y）で成り立ちます.

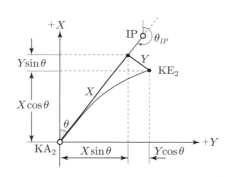 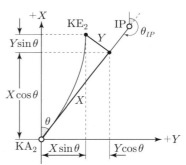

座標変換（右回りの場合）　　　　　　　　座標変換（左回りの場合）

図 6.11　終点側のクロソイド座標変換

　終点側の直線のクロソイド曲線の場合も始点側と同様ですが，変換（回転）角度を θ_{IP} とするため（図 6.11），$\theta = \theta_{IP} - \pi = \theta_{IP} + \pi$ より

$\quad \cos(\theta_{IP} + \pi) = -\cos(\theta_{IP})$

$\quad \sin(\theta_{IP} + \pi) = -\sin(\theta_{IP})$

よって，KE の測地座標を（x_2, y_2），クロソイド座標を（X_2, Y_2），KA の測地座標を（KAx_2, KAy_2），IP 点の方向角を θ_{IP} とすると

右回りの場合

$$x_2 = KAx_2 - X_2 \cos\theta_{IP} + Y_2 \sin\theta_{IP}$$

$$y_2 = KAy_2 - X_2 \ 1\sin\theta_{IP} - Y_2 \cos\theta_{IP}$$

左回りの場合 (6.11)

$$x_2 = KAx_2 - X_2 \cos\theta_{IP} - Y_2 \sin\theta_{IP}$$

$$y_2 = KAy_2 - X_2 \ 1\sin\theta_{IP} + Y_2 \cos\theta_{IP}$$

右回り，左回りの判別は，始点側の直線との位置関係（方向角 θ_{BP}）にて判定します．

$$\theta_{IP} \leqq \theta_{BP} \leqq \theta_{IP} + \pi \qquad \text{のとき右回り}$$

$$\theta_{IP} - \pi < \theta_{BP} < \theta_{IP} \qquad \text{のとき左回り}$$

式（6.11）は終点側クロソイド座標の任意の点 (X, Y) で成り立ちます．

(3) 単曲線座標の変換

【単曲線上の座標をクロソイド座標に変換する方法】

単曲線の始点（始点側クロソイド曲線の終点）KE を原点とし KE 点の単曲線に対する接線を座標軸とした場合，任意の単曲線上の P 点の座標を P (P_x, P_y) とすると，P 点のこの座標系の座標 (X_0, Y_0) は

右回りの場合

$$X_0 = P_x \cos\tau - P_y \sin\tau$$

$$Y_0 = P_x \sin\tau + P_y \cos\tau$$

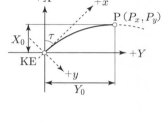

左回りの場合

$$X_0 = P_x \cos\tau + P_y \sin\tau$$

$$Y_0 = P_x \sin\tau - P_y \cos\tau$$

求められた P 点の座標 (X_0, Y_0) を式（6.9）に代入すると，P 点の測地座標 (x_0, y_0) は KE の測地座標を (KE_x, KE_y) とすると

右回りの場合

$$x_0 = KE_x + X_0 \cos\theta - Y_0 \sin\theta$$

$$y_0 = KE_y + X_0 \sin\theta + Y_0 \cos\theta$$

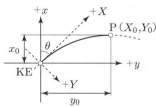

左回りの場合

$$x_0 = KE_x + X_0 \cos\theta + Y_0 \sin\theta$$

$$y_0 = KE_y + X_0 \sin\theta - Y_0 \cos\theta$$

【KE の方向角による方法】

KE（KE_x, KE_y）と単曲線の中心（O_x, O_y）から KE_1 の方向角 θ_{KE1} を求め，トラバース測量と同様に P 点の座標を算定します．

$$x_0 = O_x + R \cos(\theta_{KE} + \alpha + \pi)$$

$$y_0 = O_y + R \sin(\theta_{KE} + \alpha + \pi)$$

ただし，$\theta_{KE1} \leqq \theta_{KE2} \leqq \theta_{KE1} + \pi$

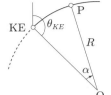

例題 6-5　非対称形クロソイド曲線の設定

2 つの直線（始点側 $BP_1 \rightarrow BP_2$，終点側 $EP_1 \rightarrow EP_2$）をクロソイド曲線 ⇒ 単曲線 ⇒ クロソイド曲線で結ぶ場合のカーブ設定を行います．ただし，始点側，終点側のクロソイドパラメータ A，単曲線の半径は任意で与えられます．

解答例

始点側と終点側のクロソイドパラメータを同じにすれば対称形クロソイド曲線となります．

例題 6-6　クロソイド曲線の設置

例題 6-5 で算定した曲線（クロソイド曲線－単曲線－クロソイド曲線）の座標を任意の間隔で求めます.

解答例

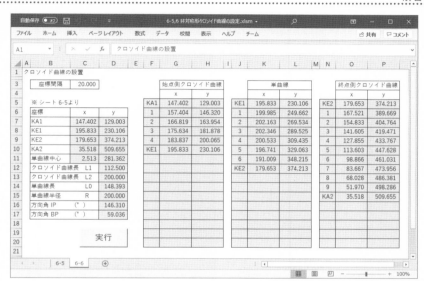

付録
測量のための数式

代数 ....

乗法公式　因数分解

$$m(a + b) = ma + mb \tag{1}$$
$$(a + b)^2 = a^2 + 2ab + b^2 \tag{2}$$
$$(a - b)^2 = a^2 - 2ab + b^2 \tag{3}$$
$$(a + b)(a - b) = a^2 - b^2 \tag{4}$$
$$(x + a)(x - b) = x^2 + (a - b)x + ab \tag{5}$$
$$(ax + b)(cx - d) = acx^2 + (ad - bc)x + bd \tag{6}$$
$$(a + b)^3 = a^3 + 3a^2b + 3ab^2 + b^3 \tag{7}$$
$$(a + b)^3 = a^3 - 3a^2b + 3ab^2 - b^3 \tag{8}$$
$$(a + b)(a^2 - ab + b^2) = a^3 + b^3 \tag{9}$$
$$(a - b)(a^2 + ab + b^2) = a^3 - b^3 \tag{10}$$
$$(a + b + c)^2 = a^2 + b^2 + c^2 + 2ab + 2bc + 2ca \tag{11}$$
$$(a + b - c)^2 = a^2 + b^2 + c^2 + 2ab - 2bc - 2ca \tag{12}$$
$$(a - b - c)^2 = a^2 + b^2 + c^2 - 2ab + 2bc - 2ca \tag{13}$$
$$(x + a)(x - b)(x - c) = x^3 + (a + b + c)x^2 + (ab + bc + ca)x + abc \tag{14}$$
$$(a + b + c)(a^2 + b^2 + c^2 - bc - ca - ab) = a^3 + b^3 + c^3 - 3abc \tag{15}$$

比と比例

$$a : b = \frac{a}{b} \tag{1}$$

$$\left. \begin{array}{l} a : b = ma : mb \quad [m \neq 0] \\ a : b = \dfrac{a}{m} : \dfrac{b}{m} \quad [m \neq 0] \end{array} \right\} \tag{2}$$

$$\left. \begin{array}{l} a : b : c = ma : mb : mc \quad [m \neq 0] \\ a : b : c = \dfrac{a}{m} : \dfrac{b}{m} : \dfrac{c}{m} \quad [m \neq 0] \end{array} \right\} \tag{3}$$

$$a : b = c : d \text{ ならば, } b : a = d : c \tag{4}$$
$$a : b = c : d \text{ ならば, } a : c = b : d \tag{5}$$
$$a : b = c : d \text{ ならば, } ad = bc \tag{6}$$
$$\frac{a}{b} = \frac{c}{d} \text{ ならば,} \frac{a}{b} = \frac{c}{d} = \frac{la + mc}{lb + md} \quad [lb + md \neq 0] \tag{7}$$

三角法 ....

三角関数の定義

$$\sin \theta = \frac{y}{r} \tag{1}$$

$$\cos \theta = \frac{x}{r} \tag{2}$$

$$\tan \theta = \frac{y}{x} \tag{3}$$

$$\operatorname{cosec} \theta = \frac{r}{y} \tag{4}$$

$$\sec \theta = \frac{r}{x} \tag{5}$$

$$\cot \theta = \frac{x}{y} \tag{6}$$

三角関数の間の関係

$$\tan \theta = \frac{\sin \theta}{\cos \theta} \tag{1}$$

$$\cot \theta = \frac{\cos \theta}{\sin \theta} = \frac{1}{\tan \theta} \tag{2}$$

$$\sec^2 \theta = \frac{1}{\cos \theta} \tag{3}$$

$$\operatorname{cosec} \theta = \frac{1}{\sin \theta} \tag{4}$$

$$\sin^2 \theta + \cos^2 \theta = 1 \tag{5}$$

$$\tan^2 \theta + 1 = \sec^2 \theta \tag{6}$$

$$1 + \cot^2 \theta = \operatorname{cosec}^2 \theta \tag{7}$$

大きい角の三角関数

$$\sin (360° \times n + \theta) = \sin \theta \tag{1}$$

$$\cos (360° \times n + \theta) = \cos \theta \qquad n = 0, \pm 1, \pm 2, \ldots \tag{2}$$

$$\tan (360° \times n + \theta) = \tan \theta \tag{3}$$

負角の三角関数

$$\sin (-\theta) = -\sin \theta \tag{1}$$

$$\cos (-\theta) = \cos \theta \tag{2}$$

$$\tan (-\theta) = -\tan \theta \tag{3}$$

余角の三角関数

$$\sin (90° - \theta) = \cos \theta \tag{1}$$

$$\cos (90° - \theta) = \sin \theta \tag{2}$$

$$\tan (90° - \theta) = \cot \theta \tag{3}$$

補角の三角関数

$$\sin (180° - \theta) = \sin \theta \tag{1}$$

$$\cos (180° - \theta) = -\cos \theta \tag{2}$$

$$\tan (180° - \theta) = -\tan \theta \tag{3}$$

差が $90°, 180°, 270°$ の角の三角関数

$$\sin(90° + \theta) = \cos\theta \tag{1}$$
$$\cos(90° + \theta) = -\sin\theta \tag{2}$$
$$\tan(90° + \theta) = -\cot\theta \tag{3}$$
$$\sin(180° + \theta) = -\sin\theta \tag{4}$$
$$\cos(180° + \theta) = -\cos\theta \tag{5}$$
$$\tan(180° + \theta) = \tan\theta \tag{6}$$
$$\sin(90° + \theta) = -\cos\theta \tag{7}$$
$$\cos(90° + \theta) = \sin\theta \tag{8}$$
$$\tan(90° + \theta) = -\cot\theta \tag{9}$$

加法定理

$$\sin(\alpha \pm \beta) = \sin\alpha\cos\beta \pm \cos\alpha\sin\beta \tag{1}$$
$$\cos(\alpha \pm \beta) = \cos\alpha\cos\beta \mp \sin\alpha\sin\beta \tag{2}$$
$$\tan(\alpha \pm \beta) = \frac{\tan\alpha \pm \tan\beta}{1 \mp \tan\alpha\tan\beta} \tag{3}$$

二倍角の公式

$$\sin 2\alpha = 2\sin\alpha\cos\alpha \tag{1}$$
$$\cos 2\alpha = \cos^2\alpha - \sin^2\alpha = 2\cos^2\alpha - 1 = 1 - 2\sin^2\alpha \tag{2}$$
$$\tan 2\alpha = \frac{2\tan\alpha}{1\tan^2\alpha} \tag{3}$$

三倍角の公式

$$\sin 3\alpha = 3\sin\alpha - 4\sin^3\alpha \tag{1}$$
$$\cos 3\alpha = 4\cos^3\alpha - 3\cos\alpha \tag{2}$$
$$\tan 3\alpha = \frac{3\tan\alpha - \tan^3\alpha}{1 - 3\tan^2\alpha} \tag{3}$$

$$\left[\begin{array}{l} \sin^3\alpha = \dfrac{3\sin\alpha - \sin 3\alpha}{4} \\[2mm] \sin^3\alpha = \dfrac{3\cos\alpha + \cos 3\alpha}{4} \end{array}\right]$$

半角の公式

$$\sin\frac{\alpha}{2} = \pm\sqrt{\frac{1 - \cos\alpha}{2}} \quad \left(\sin^2 A = \frac{1 - \cos 2A}{2}\right) \tag{1}$$
$$\cos\frac{\alpha}{2} = \pm\sqrt{\frac{1 + \cos\alpha}{2}} \quad \left(\cos^2 A = \frac{1 + \cos 2A}{2}\right) \tag{2}$$
$$\tan\frac{\alpha}{2} = \pm\sqrt{\frac{1 - \cos\alpha}{1 + \cos\alpha}} \quad \left(\tan^2 A = \frac{1 - \cos 2A}{1 + \cos 2A}\right) \tag{3}$$

正弦定理

$$\frac{a}{\sin A} = \frac{b}{\sin B} = \frac{c}{\sin C} = 2R \quad (\text{R は三角形の外接円の半径})$$

第一余弦定理

$$a = b \cos \mathrm{C} + c \cos \mathrm{B} \tag{1}$$
$$b = c \cos \mathrm{A} + a \cos \mathrm{C} \tag{2}$$
$$c = a \cos \mathrm{B} + b \cos \mathrm{A} \tag{3}$$

第二余弦定理

$$a^2 = b^2 + c^2 - 2bc \cos \mathrm{A} \tag{1}$$
$$b^2 = c^2 + a^2 - 2ca \cos \mathrm{B} \tag{2}$$
$$c^2 = a^2 + b^2 - 2ab \cos \mathrm{C} \tag{3}$$

半角の公式

$$\frac{a-b}{a+b} = \frac{\tan \dfrac{\mathrm{A}-\mathrm{B}}{2}}{\tan \dfrac{\mathrm{A}+\mathrm{B}}{2}} \quad \left(\tan \frac{\mathrm{A}-\mathrm{B}}{2} = \frac{a-b}{a+b} \cot \frac{\mathrm{C}}{2} \right) \tag{1}$$

$$\frac{b-c}{b+c} = \frac{\tan \dfrac{\mathrm{B}-\mathrm{C}}{2}}{\tan \dfrac{\mathrm{B}+\mathrm{C}}{2}} \quad \left(\tan \frac{\mathrm{B}-\mathrm{C}}{2} = \frac{b-c}{b+c} \cot \frac{\mathrm{A}}{2} \right) \tag{2}$$

$$\frac{c-a}{c+a} = \frac{\tan \dfrac{\mathrm{C}-\mathrm{A}}{2}}{\tan \dfrac{\mathrm{C}+\mathrm{A}}{2}} \quad \left(\tan \frac{\mathrm{C}-\mathrm{A}}{2} = \frac{c-a}{c+a} \cot \frac{\mathrm{B}}{2} \right) \tag{3}$$

三角形の面積

$$\mathrm{S} = \frac{1}{2} ab \sin C = \frac{12}{b} c \sin A = \frac{12}{c} a \sin B \tag{1}$$
$$\mathrm{S} = \sqrt{s(s-a)(s-b)(s-c)} \quad (\text{ヘロンの公式}) \tag{2}$$
$$s = \frac{1}{2}(a+b+c)$$

幾何 ···

円
半径 r の円において円周 l，面積 S は

$$l = 2\pi r \tag{1}$$
$$\mathrm{S} = \pi r^2 \tag{2}$$

扇形
半径 r，中心角 θ （ラジアン）の扇形において，弧の長さ l，面積 S は

$$l = \theta r \tag{1}$$
$$\mathrm{S} = \frac{1}{2} \theta r^2 \tag{2}$$

解析幾何 ‑‑

二点間の距離
二点 $\mathrm{P}(x_1, y_1)$, $\mathrm{Q}(x_2, y_2)$ 間の距離 $\mathrm{PQ} = \sqrt{(x_2 - x_1)^2 + (y_2 - y_1)^2}$

扇形
二点 $\mathrm{P}(x_1, y_1)$, $\mathrm{Q}(x_2, y_2)$ 間の距離を $m:n$ に分割する点 $\mathrm{R}(x, y)$

$$x = \frac{mx_2 + nx_1}{m+n} \qquad y = \frac{my_2 + ny_1}{m+n} \qquad\qquad \text{(内分点)} \qquad (1)$$

$$x = \frac{mx_2 + nx_1}{m+n} \qquad y = \frac{my_2 + ny_1}{m+n} \qquad (m \neq n) \qquad \text{(外分点)} \qquad (2)$$

二点の中点

$$x = \frac{x_1 + x_2}{2} \quad y = \frac{y_1 + y_2}{2}$$

三角形の重心
三角形の三頂点が $\mathrm{A}(x_1, y_1)$, $\mathrm{B}(x_2, y_2)$, $\mathrm{C}(x_3, y_3)$ のとき, その重心 $\mathrm{G}(x, y)$ は

$$x = \frac{x_1 + x_2 + x_3}{3} \quad y = \frac{y_1 + y_2 + y_3}{3}$$

直線の方程式

x 軸に平行な直線	$y = a \quad (a; x \text{ 軸からの距離})$	(1)
y 軸に平行な直線	$x = b \quad (b; y \text{ 軸からの距離})$	(2)
原点を通る直線	$y = mx \quad (m = \tan\theta \text{ 直線の傾き})$	(3)
y 軸上の切片が b である直線	$y = mx + b$	(4)
両軸上の切片が a, b である直線	$\dfrac{x}{a} + \dfrac{y}{b} = 1$	(5)
一点 $P(x_1, y_1)$ を通り傾きが m の直線	$y - y_1 = m(x - x_1)$	(6)
二点 $P(x_1, y_1)$, $Q(x_2, y_2)$ を通る直線	$y - y_1 = \dfrac{y_2 - y_1}{x_2 - x_1}(x - x_1)$	(7)
直線の方程式（一般形）	$ax + by + c = 0$	(8)

直線の平行条件と垂直条件

平行条件	$m_1 = m_2$	または	$a_1 b_2 = a_2 b_1$	（一般形の場合） (1)
垂直条件	$m_1 m_2 = -1$	または	$a_1 a_2 = b_1 b_2 = 0$	（一般形の場合） (2)

二直線のなす角
二直線 $y = m_1 x + b_1$, $y = m_2 x + b_2$ のなす角 α

$$\tan\alpha = \frac{m_1 - m_2}{1 + m_1 m_2} \qquad \left(\alpha = \tan^{-1}\frac{m_1 - m_2}{1 + m_1 m_2}\right)$$

定点 $\mathrm{P}(x_1, y_1)$ からの直線 $ax + by + c = 0$ に至る距離

$$1 = \pm\frac{ax_1 + by_1 + c}{\sqrt{a^2 + b^2}} \qquad \text{（複号は 1 が正となるように選ぶ）}$$

座標変換

旧座標 (x, y) から新座標 (X, Y) への変換

平行移動	$X = x - a$	$Y = y - b$	(1)
回転移動	$X = x\cos\theta + y\sin\theta$	$Y = -x\sin\theta + y\cos\theta$	(2)
一般の座標交換	$X = (x-a)\cos\theta + (y-b)\sin\theta$	$Y = -(x-a)\sin\theta + (y-b)\cos\theta$	(3)

直線座標と極座標の変換

旧座標 (x, y) から新座標 (r, θ) への変換

直角座標から極座標への変換	$r = \sqrt{x^2 + y^2}$	$\theta = \tan^{-1}\dfrac{y}{x}$	(1)
極座標から直角座標への変換	$x = r\cos\theta$	$y = r\sin\theta$	(2)

円

原点を中心とし半径 r の円の方程式	$x^2 + y^2 = r^2$	(1)
点 0 の (a,b) を中心とし半径 r の円の方程式	$(x-a)^2 + (y-b)^2 = r^2$	(2)
円の方程式 (一般形)	$x^2 + y^2 + 2fx + 2gy + c = 0$	(3)
中心 $(-f, -g)$, 半径 $\sqrt{f^2 + g^2 - c}$		
円周上の点 $P(x_1, y_1)$ における接線の方程式	$x_1 x + y_1 y = r^2$	(4)
傾きが m である接線の方程式	$y = mx \pm r\sqrt{1 + m^2}$	(5)

楕円

楕円の方程式	$\dfrac{x^2}{a^2}\dfrac{y^2}{b^2} = 1$	(1)
離心率	$e = \dfrac{\sqrt{a^2 - b^2}}{a}$	(2)
焦点	$F(ae, 0) \quad F'(-ae, 0)$	(3)
準線	$y = mx + b$	(4)
楕円状の点 $P(x_1, y_1)$ における接線の方程式	$\dfrac{x_1 x}{a^2} + \dfrac{y_1 y}{b^2} = 1$	(5)
傾きが m である接線の方程式	$y = mx \pm \sqrt{a^2 m^2 + b^2}$	(6)

空間二点間の距離

$$PQ = \sqrt{(x_2 - x_1)^2 + (y_2 - y_1)^2 + (z_2 - z_1)^2}$$

空間の二点間の距離を $m : n$ に分割する点

$x = \dfrac{mx_2 + nx_1}{m+n}$	$y = \dfrac{my_2 + ny_1}{m+n}$	$z = \dfrac{mz_2 + nz_1}{m+n}$	(内分点)	(1)
$x = \dfrac{mx_2 - nx_1}{m-n}$	$y = \dfrac{my_2 - ny_1}{m-n}$	$z = \dfrac{mz_2 - nz_1}{m-n}(m \neq n)$	(外分点)	(2)

空間の二点間の距離を $m : n$ に分割する点

点 $P(x_1, y_1, z_1)$ を通り方向余弦が l, m, n である直線の方程式

$$\frac{x - x_1}{l} = \frac{y - y_1}{m} = \frac{z - z_1}{n} \tag{1}$$

二点 $P(x_1, y_1, z_1)$, $Q(x_2, y_2, z_2)$ を通る直線の方程式

$$\frac{x - x_1}{x_2 - x_1} = \frac{y - y_1}{y_2 - y_1} = \frac{z - z_1}{z_2 - z_1} \tag{2}$$

直線の平行条件と垂直条件

平行条件 $\qquad\qquad\qquad\qquad \dfrac{l_1}{l_2} = \dfrac{m_1}{m_2} = \dfrac{n_1}{n_2}$ (1)

垂直条件 $\qquad\qquad\qquad\qquad l_1 l_2 + m_1 m_2 + n_1 n_2 = 0$ (2)

定点 $P(x_0, y_0, z_0)$ より直線 $\dfrac{x - a}{e} = \dfrac{y - b}{m} = \dfrac{z - c}{n}$ までの距離

$$l = \sqrt{(x_0 - a)^2 + (y_0 - b)^2 + (z_0 - c)^2 - \{l(x_0 - a) + m(y_0 - b) + n(z_0 - c)\}^2}$$

平面の方程式

平面の方程式（一般形）

$$Ax + by + Cz + D = 0 \tag{1}$$

x, y, z 軸上の切片が a, b, c である平面

$$\frac{x}{a} + \frac{y}{b} + \frac{z}{c} = 1 \tag{2}$$

原点から平面に下した垂線の長さが p で，その方向余弦が,l, m, n である平面

$$lx + my + nz = p \tag{3}$$

三点 $P(x_1, y_1, z_1), Q(x_2, y_2, z_2), R(x_3, y_3, z_3)$ により決定する平面

$$\begin{vmatrix} x & y & z & 1 \\ x_1 & y_1 & z_1 & 1 \\ x_2 & y_2 & z_2 & 1 \\ x_3 & y_3 & z_3 & 1 \end{vmatrix} = 0 \tag{4}$$

一点 $P(x_1, y_1, z_1)$ と直線 $\dfrac{x - a}{l} + \dfrac{y - b}{m} + \dfrac{z - c}{n}$ の決定する平面

$$\begin{vmatrix} x - a & y - b & z - c \\ x_1 - a & y_1 - b & z_1 - c \\ l & m & n \end{vmatrix} = 0 \tag{5}$$

二平面の平行条件，垂直条件

平行条件

$$\frac{A_1}{A_2} = \frac{B_1}{B_2} = \frac{C_1}{C_2} \quad \text{または} \quad \frac{l_1}{l_2} = \frac{m_1}{m_2} = \frac{n_1}{n_2} \tag{1}$$

垂直条件

$$A_1 A_2 + B_1 B_2 + C_1 C_2 = 0 \quad \text{または} \quad l_1 l_2 + m_1 m_2 + n_1 n_2 = 0 \tag{2}$$

直線と平面の平行条件，垂直条件

$$平行条件 \qquad Al + Bm + Cn = 0 \qquad (1)$$

$$垂直条件 \qquad \frac{l}{A} = \frac{m}{B} = \frac{n}{C} \qquad (2)$$

統計・確率 ⋯⋯⋯⋯⋯⋯⋯⋯⋯⋯⋯⋯⋯⋯⋯⋯⋯⋯⋯⋯⋯⋯⋯⋯⋯⋯⋯

平均

$$相加平均 \qquad \bar{x} = \frac{\Sigma x_i}{n} \qquad (1)$$

$$加重平均 \qquad \bar{x} = \frac{\Sigma f_i x_i}{\Sigma f_i}$$

$$\bar{x} = c \cdot \frac{\Sigma u_i f_i}{N} + a \quad \left(c; 階級幅,\ N = \Sigma f_i,\ u = \frac{x - a_i}{c},\ a; 仮平均 \right) \qquad (2)$$

$$相乗平均 \qquad G = \sqrt[n]{x_1 \cdot x_2 \cdots\cdots x_n} \qquad (3)$$

$$調和平均 \qquad H = \frac{n}{\Sigma \dfrac{1}{x_i}} \qquad (4)$$

偏差

$$分散 \qquad \sigma^2 = \frac{1}{n} \Sigma \left(x_i - \bar{x} \right)^2 \qquad (1)$$

$$標準偏差 \qquad \sigma = \sqrt{\frac{1}{n} \Sigma \left(x_i - \bar{x} \right)^2}$$

$$\sigma = c \cdot \sqrt{\frac{1}{n} \Sigma f_i u_i^2 \left(\frac{1}{N} \Sigma f_i u_i \right)^2} \quad \left(c; 階級幅,\ N = \Sigma f_i,\ u_i = \frac{x_i - a}{c} \right) \qquad (2)$$

$$平均偏差 \qquad \Delta = \frac{1}{n} \Sigma |x_i - m_e| \quad (m_e; 中央値)$$

$$\Delta = \frac{c}{N} \{ \Sigma f_i |u_i| + (N_1 - N_2) d \}$$

$$\left[\begin{array}{l} x_r \leqq m_e \leqq x_{r+1}, \quad N_1 = \sum\limits_{i=1}^{r} f_i, \quad N_2 = \sum\limits_{i=r+1}^{n} f_i \\ N = \sum\limits_{i=1}^{n} f_i = N_1 + N_2, \quad d = \dfrac{m_e - x_r}{c}, \quad u_i = \dfrac{x_i - x_r}{c} \end{array} \right] \qquad (3)$$

$$四分位偏差 \qquad Q = \frac{Q_3 - Q_1}{2} \quad (Q_1; 第1四分位数,\ Q_3; 第3四分位数) \qquad (4)$$

相関関数

$$r = \frac{n\Sigma x_i y_i - \Sigma x_i \Sigma y_i}{\sqrt{\left\{ n\Sigma x_i^2 - (\Sigma x_i)^2 \right\} \left\{ n\Sigma y_i^2 - (\Sigma y_i)^2 \right\}}} \quad (-1 \leqq r \leqq 1)$$

回帰直線（最小二乗法）

$$正規方程式 \quad \left\{ \begin{array}{l} \Sigma y_i = na + b\Sigma x_i \\ \Sigma x_i y_i = a\Sigma x_i + b\Sigma x_i^2 \end{array} \right. \qquad (1)$$

$$y - \bar{y} = r\frac{\sigma_y}{\sigma_x} \left(x - \bar{x} \right) \qquad (2)$$

索　引

97

2次元地盤解析システム
ＦＥＭすいすい ―応力変形―
Ver.1.0
for Windows Vista/7/8.1/10

製品の特長

■ モデル作成がすいすいできる

分割数指定による自動分割（要素細分化）機能を搭載し、自動分割後の細部のマニュアル修正も可能。また、モデル作成（プリ）から解析（ソルバー）および結果の確認（ポスト）までを1つのソフトウエアに搭載し、解析作業を効率的に行えます。

■ UNDO REDO 機能で無制限にやり直せる

モデル作成時、直前に行った動作を元に戻す機能を搭載しています。

■ 施工過程に応じた解析が簡単

地盤の掘削、盛土などのステージ解析を実施することができます。ステージごとに、材料定数の変更、境界条件の変更、掘削時の応力解放率の設定が可能です。

■ 線要素の重ね合せで複雑な構造も簡単

例えば、トンネルで一次支保工と二次支保工を別々にモデル化することができます。

■ 線要素間の結合は剛でもピンでも

線要素間の結合は「剛結合」に加え「ピン結合」も選択することができます。

■ ローカル座標系による荷重入力で簡単、スッキリ

荷重の作用方向は、全体座標系に加えローカル座標系でも指定することができます。
分布荷重の作用面積は、「射影面積」あるいは「射影面積でない」から選択することができます。

■ 比較検討した場合の結果図の貼り付けが簡単

比較検討した場合のモデルや変位などの表示サイズを簡単に合わせることができます。

■ 数値データ出力が簡単

画面上で選択した複数の節点／要素の数値データ（座標、変位、応力など）をエクセルに簡単に貼り付けることができます。

解析方法

■ 解析種別

・静的全応力解析（平面ひずみ解析、軸対称解析）

要素種類

■ 面要素

・線形弾性ソリッド材料
・非線形ソリッド材料（モール・クーロン基準とノーテンション基準に従う弾性―完全塑性材料）

■ 線要素

・はりまたはトラス材料（剛結合・ピン結合）
・軸対称シェル要素

■ ジョイント要素

境界条件

■ 節点自由度拘束

（ローラー、固定、強制変位）

■ バネ支持

荷重種類

■ 節点集中荷重　　■ 分布荷重　　■ 自重　　■ 慣性力　　■ 温度荷重

本製品は FEM（有限要素法）による2次元弾塑性地盤解析ソフトです。地盤の掘削、盛土のシミュレーションなど地盤に関係する多くの分野において、威力を発揮する汎用 FEM 製品です。

【適用例】 トンネルの施工検討／土留め掘削検討／盛土検討／周辺への影響検討

プリプロセッサー

モデルは初心者の方でも簡単に作成できます。

■モデル作成機能

自動メッシュ分割機能を搭載し、モデルは以下の要領で素早く作成できます。

①領域の作図と材料特性の割り当て（図1）
②境界，荷重条件の設定（図2）
③分割数を指定し自動メッ　シュ分割（図3）
④モデルの確認（図4）

■ステージ解析

地盤の掘削、盛土などのステージ解析を実施することができます。ステージごとに、材料定数の変更、境界条件の変更、掘削時の応力解放率の設定が可能です。

■荷重

荷重の作用方向は、全体座標系に加えローカル座標系でも指定することができます。

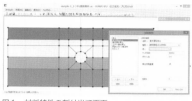

図1　材料特性の割り当て画面

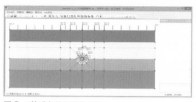

図2　荷重条件の設定画面

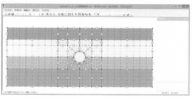

図3　分割数の指定画面

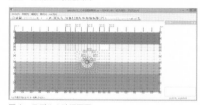

図4　モデルの確認画面

図5　モデル図

図6　コンター図

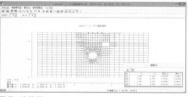

図7　変位図

図8　主応力ベクトル図

ポストプロセッサー

モデルや解析結果を様々な表現方法で表示でき、報告書への貼り付けが簡単に行えます。さらに、画面上で選択した複数の節点／要素の数値データをエクセルに簡単に貼り付けることができます。

■モデル図

材料毎に色分けし、凡例の表示も可能です（図5）。

■コンター図

色数、色調の選択が可能です（図6）。

■変位図

表示スケールを任意設定することができます（図7）。

■ベクトル図

表示スケールを任意に設定することができます（図8）。

■断面力図

表示スケールを任意に設定することができます。

発売元 **インデックスシステムコンサルタンツ株式会社**

〒191-0032 東京都日野市三沢1-34-15　TEL:042-595-9102　FAX:042-595-9103　Mail:info@index-press.co.jp

高機能二次元ＣＡＤ

SXF対応 it'sCAD MAX3

it'sCAD MAX3 は、多数の公共機関・教育機関に導入実績のある汎用二次元キャド「イッツキャドシリーズ」の最新作です。 また、特に建設・測量関係の方々にはご好評いただいております。 発売以来の圧倒的なコストパフォーマンスはそのままに、より使い易く、より速く、操作性が向上しました。

体験版のダウンロード

イッツキャドマックス３の体験版を公開しています。体験版は使用制限なしで 20 日間試用することができます。ライセンス購入で発行されるシリアル番号を入力するとそのまま製品版としてご利用いただけます。

https://www.itscad.com/download/

教育機関・教員・学生向けアカデミック版「it'sCAD MAX3」 無料提供サービス

インデックスシステムコンサルタンツおよびインデックス出版は、次世代の設計者（デザイナー）、技術者（エンジニア）、芸術家（アーティスト）を支援していきます。学生および教員のみなさまが、インデックスシステムコンサルタンツのソフトウェアを授業や課題の中で活用し、実用的かつ最新の技術を利用して、設計やデザインができるように支援していきます。

教育機関向けおよび学生や教員向けの無償アカデミックライセンスのご提供を行っています。

なお、アカデミック版を用いて実務設計（アルバイト等）を行うことも可能です。土木設計コンサルタント、測量設計事務所、建築設計事務所だけでなく、土地家屋調査士事務所、行政書士事務所、不動産鑑定事務所、不動産仲介販売会社など「it'sCAD MAX3」を使用できるアルバイト先は街の中に多数あります。収入もよくまた将来に役立つ技術も身につき、スキルアップにつながる良い経験ができるでしょう。

https://www.itscad.com/order/academic.htm

多彩な専用コマンドをご提供

便利な基本コマンドに加えて、多彩な専用コマンドをご用意しました。測量・土木・建築・機械など、専門分野で幅広くご利用いただけます。

https://www.itscad.com/

国土交通省の定める CAD 製図基準（案）にそった図面表現が可能になる、建設CALS/EC 対応 CAD データフォーマット「SXF 形式 (SFC・P21)」のバージョン 3.1 の入出力に対応しています。

イッツキャドならではの作図環境をご提供します。

○マルチウィンドウ、マルチスケール
複数の図面を同時に開いて編集できます。一つの図面の中に複数のスケールを管理できます。

○割込コマンド
２つの要素の交点から線を引くなど、作図の幅が拡がります。

○階層化レイヤー
キャド製図基準（案）を、視覚的・直感的に操作しやすくなりました。親子間でつながっているレイヤーはひとまとめに扱えます。

○ＸＹ異スケール、軸角
土木図面など、縦横の比率が異なる図面も簡単に作図できます。

○ラスターの貼り付け及び４点補正
画像を任意の形に変形して貼り付けることができます。ラスター画像やトレースに便利です。

○弧長寸法やクロソイドなど高度なデータ互換に対応

一般的な作図機能に加えて、フリーの専用コマンドによる拡張をご提供しております。無償提供のため原則サポートはございませんが、これまで有償で販売していたコマンド群ですので、安心してお使いいただけます。

○測量コマンド（トラバース、クロソイド、面積計測など）

○配筋コマンド（鉄筋配置、鉄筋加工図、鉄筋数量表など）

○機械コマンド（寸法公差記入、面取寸法など）

○建築コマンド（包絡処理、日影図、線記号変形など）

○ＦＥＭコマンド（骨組解析、弾性解析など）

発売元 インデックスシステムコンサルタンツ株式会社

〒 191-0032 東京都日野市三沢 1-34-15　TEL:042-595-9102　FAX:042-595-9103　Mail:info@index-press.co.jp

著者略歴

杉山 太宏..Sugiyama Motohiro

　　　東海大学工学部土木工学科　教授　博士（工学）

梶田 佳孝...................................Kajita Yoshitaka

　　　東海大学工学部土木工学科　教授　博士（工学）

コンパクトシリーズ 土木（どぼく）　測量学入門（そくりょうがくにゅうもん）【第二版】
2019 年 4 月 1 日　第 1 刷発行
2021 年 4 月 1 日　改訂版第 1 刷発行

著　者　　杉山太宏（すぎやま もとひろ）
　　　　　梶田佳孝（かじた よしたか）
発行者　　田中壽美
発行所　　インデックス出版
　　　　　〒 191-0032 東京都日野市三沢 1-34-15
　　　　　Tel 042-595-9102　Fax 042-595-9103
　　　　　URL　https://www.index-press.co.jp
　　　　　Mail　info@index-press.co.jp

978-4-910058-06-1 C3050